너무 더운 지구

Global Warming

너무 더운 지구

카본씨네 가족의
지구 식히기 프로젝트

데이브 리 지음 | 이한중 옮김

바다출판사

차례

머리말

기후변화는 새로운 사실이 아니다. 거품이 보글보글하던 원시 바다 속을 떠다니던 최초의 미생물이 조금씩 추워진다는 느낌을 받은 이후로, 지구의 생명은 기후의 변화를 받아들이거나 죽거나 둘 중 하나를 선택해야 했다. 새로운 것은 온실효과가 심해지면서 기후가 빠르게 변하고 있다는 점이다. 지구를 대상으로 통제되지 않는 실험을 한 결과, 우리 인류는 온실가스 농도가 두세 배가 되도록 대기에 엄청난 온실가스를 뿜어내고 말았다.

내가 이 책을 쓰게 된 이유는 간단하다. 나는 앞으로 일어날 일들을 그냥 지켜보고 싶지 않다. 내 가족과 친구들이 그 꼴을 보기를 원치 않고, 여러분과 여러분이 사랑하는 사람들이 그런 상황에 처하는 것을 보고 싶지 않다. 무엇보다 우리 아이들과 후손들이 그런 일을 당하는 것을 바라지 않는다. 어떤 기후변화가 우리를 기다리고 있는지를 생각하면, 정말로 너무나 두려워진다.

내가 처음부터 이렇게 걱정이 많았던 것은 아니다. 여러 해동안 지구온난화에 대한 나의 관심은 개인적인 것이기보다는 직업적인 것이었다. 학부 과정을 마친 뒤 내가 처음 연구를 시작한 분야는 남극해의 차가운 물속에서 살던 미생물이었다. 그것들이 온난화에 어떻게 반응하는지가 궁금했다(일부는 온난화를 좋아했고, 일부는 그것 때문에 죽었다). 그 뒤 7년 동안 나는 미세한 기후변화를 계속해서 따져 보았다. 정치인들이 행동할 필요를 느낄 것이며, 실제로 행동할 것이라는 믿음을 갖고서 말이다.

그러다 1997년에 「교토의정서」가 발표되었을 때, 나는 그런 일이 조약만으로는 해결되지 않으리라는 것을 알았다. 하지만 그 정도로 많은 나라들이 모이면 무언가가 이루어지긴 할 것이라고 기대하게 되었다. 그러다 2001년에 미국의 대통령 조지 부시가 자국 — 세계에서 단연 으뜸가는 온실가스 배출국 — 의 의정서 탈퇴를 선언했다. 나는 한동안 일손을 잡지 못한 채 방황하며 "젠장, 도대체 이게 무슨 일이야?"라며 세상을 탓했다. 「교토의정서」는 익사해 버리고, 온실가스 감축에 대한 협력적인 행동은 불가능해졌으며, 과학계의 모든 연구는(내가 수행한 해조류 연구를 포함하여) 아무 짝에도 쓸모가 없어진 것 같기만 했다.

계속해서 내가 기르는 개에게 조지 부시 인형을 던져 주고, 정치인들을 욕할 수도 있었지만, 반격할 방법도 있어 보였다. 자금을 지원받아 가며 연구를 하는 동안 나는 전적으로 늘리거나 줄일 수 있는 책임이 내게 달려 있는 온실가스 배출량을 자세히 따져 보게 되었다. 나는 내가 상당한 배출자라는 사실을, 동시에 그것에 대해 무언가를 할 수 있다는 사실을 알게 되었다. 정치인들이 주저하건 말건 나는 내 자신의 배출량을 줄이기로, 즉 내 몫을 하기로 했다.

　이 책의 첫 구상은 그렇게 시작되었다. 그리고 『네이처』에 「교토의정서」는 가정에서부터」라는 짧은 글을 연재하게 되었다. 미국의 한 4인 가족이 간단한 생활양식 몇 가지를 바꿈으로써 미국의 「교토의정서」 할당량(온실가스 배출량 7퍼센트 감축)에 준하는 수준의 온실가스 감축을 실천한다는 내용이었다. 그 뒤 몇 해 동안 친환경 매장에서부터 우리 집 개가 지구온난화에 끼치는 영향에 이르기까지 온갖 것을 다 조사해 보았다. 그러는 동안 나의 큰 차를 경차로 바꾸었고, 집안의 전구를 모두 절전형으로 바꾸었으며, 우편으로 퇴비용 지렁이 상자를 배달시켰다.

　이 기간 동안 나는 기후변화 연구를 망라하는 웹사이트(www.ghgonline.org)를 운영하기도 했다. 지구온난화에 대한 기사나 칼럼이 늘어나면서 내 일거리도 갈수록 늘었다. 그런 이야기들은 더 이상 개발도상국이 입는 피해에만 국한된 것이 아니었다. 알래스카의 집들이 땅속으로 주저앉고, 유럽에 닥친 열파로 수만 명이 죽고, 미국에서 순식간에 홍수가 나고, 오스트레일리아에서는 가뭄이 극심하고, 내가 사는 스코틀랜드에서는 스키 리조트들이 파산한다는 내용이었다. 기후변화가 그야말로 눈앞에 닥쳐오고 있는 것 같았다.

이 모든 것들에 관해 밤잠을 설쳐 가며 조사한 결과물이 이 책이다. 이 책에서 나는 기후변화의 두 갈래 길에서 우리가 어떤 삶을 택할 것인가를 알아보기 위해 냉정하고 집요하게 따져 보려고 했다. 이 책을 통해, 우리가 기후변화에 끼칠 영향과 변화하는 기후가 우리 자신, 우리 이웃, 다음에 올 세대에게 끼칠 영향을 비교해 보는 계기가 되기를 바란다.

단위에 대하여

이 책에서는 온실가스의 양을 재는 단위로 그램, 킬로그램, 톤을 사용한다. 이는 소위 "이산화탄소 등량carbon dioxide equivalent"으로 측정했을 때의 온실가스의 양을 가리킨다. "지구온난화 잠재력Global Warming Potential"(GWP)으로 볼 때 메탄이나 아산화질소 같은 강력한 것들의 온실가스의 배출량은 이산화탄소보다 몇 배나 더 크다. 이들 온실가스는 분자 대 분자로 볼 때 이산화탄소에 비해 열을 붙드는 힘이 훨씬 더 크기 때문이다. 이산화탄소가 1GWP라면 메탄은 20GWP, 아산화질소는 310GWP이다.

이 책의 원서 Climate Change Begins at Home(2005)에서는 미터와 킬로그램 등 국제 표준 도량형과 피트, 마일 등 영미식 도량형을 혼용하였다. 이 책에서는 원서에 표기된 도량형을 국제 표준에 따라 환산하여 표기하였으나 단 환산시 내용 이해가 곤란한 부분은 그대로 두었다.

1

나는 온실가스를 얼마나 내뿜을까?

미국의 전형적인 중산층 가정인 카본 씨 가족을 소개한다. 이 가족은 서구 세계의 다른 중산층과 마찬가지로 울타리와 말끔하게 깎인 잔디, 커피로 시작하는 아침과 방범대가 있는 곳에 산다. 카본 씨 부부는 이 집과 차를 사기 위해, 또 어린 두 아들 조지와 헨리를 잘 키우기 위해 열심히 살았다.

토요일 아침, 카본 씨 가족은 슈퍼마켓을 막 다녀왔다. 그들은 번쩍이는 자동차에서 일주일 동안 쓸 물건들을 내리고 있다. 앨라배마의 날씨는 다시 숨이 막히도록 더워졌다. 우선 아이스크림이 녹아 버리기 전에 냉장고로 달려가야 한다. 먼저 들어온 조지는 에어컨부터 켜더니 텔레비전 앞에 떡하고 자리를 잡는다. 헨리는 자기 방으로 기어 올라가 음악을 틀어 놓고 온라인 게임에 다시 접속한다. 쇼핑을 잘 해치우고 쇼핑 봉투를 다시 쓸 수 있게 챙겨 둔 뒤, 카본 씨 부부는 공정무역 커피를 한 잔씩 타고는 신문을 펼쳐든다. 괜찮은 인생이다.

허나 그것도 잠시. 도란도란 나누던 대화는 이내 잠잠해지고 들떠 있던 기분은 엉망이 되어 버린다. 신문에서 암울한 머리기사 제목을 본 것이다. 《그린빌 헤럴드》에는 더위가 더 심해질 것이라는 경고 메시지와 정전 사태를 피하기 위해 한낮에는 전력 사용을 제한하도록 하자는 지역 상원의 청원이 실려 있다. 보건당국에서는 폭염으로 전국에 2천 명이 입원하고 30명이 사망한 것으로 추산했다. 그들은 또 이웃의 노인들을 잘 돌봐야 하며, 자동차에 어린아이나 애완견을 혼자 내버려두면 안 된다고 힘주어 말한다. 어느 호수에서는 더위를 식히려고 헤엄을 치던 소년 둘이 익사했다. 다른 지역의 소식도 별로 나을 게 없다. 중서부 너머로는 물 배급이 엄격하게 통제되고 있고, 많은 농민들이 바람에 표토가 날려 버리는 피해를 당하고 있으며, 알래스카에서는 영구 동토층이 녹으면서 수천 가구가 집을 잃었다.

멀리 아프리카 어느 나라가 아니라 바로 자기가 사는 곳의 날씨가 이처럼 미쳐 버린 듯하자 카본 씨 부부도 걱정을 하게 됐다. 5년 전만 해도 두 사람은 누군가가 기후변화를 저지하기 위한 행동을 제안하면, 정치인들의 경제 발전론을 인용하거나 기후학자들의 밥그릇 챙기기를 의심하면서 거절했다. 당시만 해도 경고 메시지는 살벌했지만 증거가 부족해 보였고, 둘 다 인류가 새로운 빙하기를 곧 맞이할 것이라고 한 1970년대의 예측을 기억하고 있기도 했다.

부부는 아직도 위협이 과장되어 있다고 느끼긴 하지만, 이젠 그린빌의 봄이 갈수록 빨리 다가오고 있고, 실망스럽게도 겨울에 눈이 점점 덜 내리며, 여름 찜통더위가 더욱 심해지고 있다는 사실을 부인할 수 없다. 그러잖아도 전에는 말끔하기만 하던 앞마당의 잔디는 이번 불볕더위에 마지막 남은 한 조각마저 다 타 버리고 있다.

지구온난화에 대한 걱정이 커지자 카본 씨 가족은 점점 "자기 몫은 하자"는 주장에 민감해지게 되었다. 그래서 얼마 전부터 카본 부인은 유리병, 깡통, 신문지를 다른 쓰레기와 구분하여 목요일마다 집 앞 분리 수거대에 담아 두기 시작했다. 카본 씨는 전에 쓰던 텅스텐 전구를 절전형 전구로 교체했고, 아이들이 전깃불이나 텔레비전이나 컴퓨터를 켜 두면 잔소리를 하기 시작했다. 니트로 짠 바지를 입거나 에너지 소비가 적은 말린 음식으로 끼니를 때우지 않더라도 카본 씨 부부는 환경을 위해 할 일을 하고 있다고 생각하면서, 자신들이 "상당히 환경 친화적"으로 산다고 본다.

그렇다면 카본 씨 가족이 하는 일들이 기후변화를 누그러뜨리는 데 얼마나 도움이 될까? 매정하다고 할지 모르지만 "별로"라고 해야겠다. 매주 한 번씩 차를 몰고 슈퍼마켓에 가면 재활용을 하고 에너지를 절약하는 노력으로 줄일 수 있는 것보다 많은 양의 온실가스를 배출하게 된다. 카본 씨 부부는 자신들의 라이프스타일을 진정으로 바꾸지 않으면서도 기후변화에 제동을 거는 데 기여할 수 있다고 착각하고 있다. 실제로 그들이 "환경적인" 노력을 기울이고 있는 유일한 목적은 지금까지 살아온 대로 계속 살면서 지구온난화에 대한 불편한 마음을 달래려는 것이다.

여기서 한 걸음 더 나아가면 안 될까? 기름을 엄청나게 집어먹는 카본 씨의 SUV(스포츠형 실용차)를 포기하는 것처럼 감당하기 힘든 생활의 변화를 꾀하는 것과는 별도로, 부부는 기후변화 문제를 개발도상국의 문제로 보는 경향이 있다. 물론 허리케인이 늘었다거나 아프리카와 아시아와 남아메리카에 가뭄과 홍수가 잦아진 것을 안타까워하긴 했지만, 지구온난화가 현관문을 두드리기 전까지는 간단히 무시할 수 있는 문제였다.

카본 씨 부부 같은 사람들이 참 많은데, 이들의 행동을 촉발하기 위해서는 가정방문이 필요하다. 그들이 배출하는 온실가스가 수천 킬로미터 떨어진 곳에 사는 사람들에게 피해를 줄 수 있다고 주의를 준다면, 그들은 나름대로 노력 — 약간의 재활용 같은 — 을 하더라도 텔레비전에 정말로 심각한 뉴스가 나올 때는 외면하기 십상이다. 기후변화가 바로 그들의 친구, 가족, 자기네 생활방식에 위협을 가할 수 있다고 하면 그들은 동네 철물점에서 절전형 전구를 사는 데 앞장서게 될 것이다.

온실가스 배출에 대한 행동을 촉구하는 사람들이 직면하는 도전이 그런 것들이다. 기후변화로 인해 개발도상국에서 일어나는 온갖 처참한 피해를 들먹이며 — 또 서구 세계가 누리는 사치에 대한 죄책감을 자극하며 — 인간성에 호소할 수도 있다. 기후변화 때문에 자원이 부족한 나라에서 엄청난 기근과 전염병이 발생할 것이며, 성서에 나오는 정도의 인구 대이동이 있을 것이라고 경고할 수도 있다. 하지만 재앙이 멀리서 벌어지는 한 사람들은 늑장을 부리기 마련이다.

기후변화가 우리를 직접적으로 쥐어짜야만 우리는 진정으로 눈을 뜨기 시작한다. 가뭄 피해를 입은 수단이나 홍수가 휩쓸고 간 방글라데시 소식뿐만 아니라 우리 이웃이나 우리 경제가 타격을 입고 있다는 뉴스가 나와야 정신을 차리기 시작한다. 정말로 끔찍한 사태는 아직 벌어지지 않았으니 재앙을 피할 수 있는 시간도 아직은 꽤 남았다고 생각하면서 자기 자신을 속이기도 한다. 하지만 그렇지 않다.

대부분의 가정과 마찬가지로 카본 씨 가족도 이런 세계적인 문제는 정부가 알아서 해결할 것이라고 생각한다. 혹은 과학자들이 기술적인 묘책을 발견하여 해결할 것이라고도 생각한다. 이는 땅속에 머리를 처박고서 현실에 대처하겠다는 안이한 해결책일 뿐이다. 결국 책임은 여러분에게, 나에게, 카본 씨 가족에게 있다. 우리의 라이프스타일, 우리가 내뿜는 온실가스가 문제인 것이다. 그렇다면 카본 씨 가족은 온실가스를 얼마나, 어떻게 내뿜고 있을까?

카본 부인

케이트 카본은 아무리 줄여 말해도 너무 바쁜 사람이다. 이제 30대 후반인 그녀는 두 아들을 키우면서 엄청난 집안일을 도맡고, 혼자서 개를 산책시키고 가까운 여행사의 팀장으로도 근무한다. 아침에 잠에서 깨자마자 산책을 나가자고 낑낑대는 개, 짝 맞는 양말을 못 찾겠다고 투덜대는 남편, 시리얼 상자를 누가 뜯느냐로 다투는 조지와 헨리의 시중을 들어야 한다. 이렇게 난리가 나도 케이트는 각자의 행동을 잘 지휘하여 결국 가족 모두 가야 할 곳에 제시간에 가도록 한다. 도시락을 빠뜨리거나 스웨터를 뒤집어 입고 가더라도 말이다.

그녀의 일과 중에서 제일 힘든 건 조지를 학교에 데려다 주고 데려오는 일이다. 조지는 항상 마지막 순간까지 꾸물거리다 그녀의 8인승 자동차로 달려간다. 아무리 경적을 울리고, 그냥 두고 간다고 위협하고, 용돈을 안 준다고 하고, 침실에 가둔다고 해도 소용없다. 가족들이 전부 무사히 집을 비우고 나면 케이트는 꽉 막힌 도로를 지나 직장으로 가야 한다. 도착하면 진한 커피 한 잔을 마시고 업무를 시작한다. 너무 뜨겁거나 차가운 물로 샤워를 했다고, 호텔이 해변에서 너무 멀다고, 모든 독일인들이 영어가 유창하지는 않다며 불평하는 고객들을 달래는 게 그녀의 일이다. 케이트 카본의 저녁 시간은 낮 시간에 비해 조금 덜 바쁜 정도다. 방과 후 모임에 아이들을 실어 나르고, 저녁을 차려 먹이고, 숙제는 제대로 마쳤는지, 텔레비전을 얼마나 보는지를 가지고도 싸워야 한다.

주말이면 그녀의 자랑이자 기쁨인 정원에서 가능한 한 많은 시간을 보내려 한다. 지난 몇 년 동안 그녀는 아무 특징 없이 누런 풀과 들장미만 가득하던 정원을 온갖 색채와 곤충이 어우러진 곳으로 바꿔 놓았다. 한쪽에는 허브와 채소를 길러 여름 내내 싱싱한 샐러드를 가족들에게 먹인다. 무관심한 아이들, 남편, 개의 도움 없이 혼자서만 돌봐야 하는 정원일이니 끝이 없다. 그래도 가끔은 시어머니의 도움을 받을 수 있어 겨우 풀도 깎고 시든 꽃도 잘라 낸다.

케이트 카본이 기후에 끼치는 영향은 결정적으로 자동차 운전에서 시작된다. 학교와 직장을 오가고 먹을거리를 구하러 쇼핑을 하느라 배출되는 온실가스가 한 해 6톤이 넘는다. 그래도 그녀의 경우 집에서 식량의 일부를 기르기 때문에 사서 먹을 때 유발되는 교통량을 상당히 줄이기는 한다.

카본 씨

존 카본은 자기 가족, 집, 그리고 자신의 도움으로 가족이 누리는 삶에 대한 자부심이 대단하다. 여기까지 오기가 쉽지는 않았다. 특히 결혼 초기 첫 아이를 낳았을 당시 혼자 다니던 직장은 불확실했고, 수입은 주택 융자를 겨우 갚을 수 있을 정도밖에 되지 않아 힘들었다. 존은 아직도 사무실에서 오랜 시간을 일해야 하고 승진을 하기 위해 한눈조차 팔 수 없는 처지지만, 그래도 이제는 벌이가 좀 괜찮은 편이고, 자기 자리를 남에게 내줘야 할지도 모른다는 불안감에서 해방될 수 있을 정도의 여유는 누리게 되었다.

그의 하루는 서둘러 샤워를 하고 나서 커피 한 잔을 들고 새로 산 SUV에 올라타는 것으로 시작된다. 느릿느릿 움직이는 차량 행렬을 따라 시내의 사무실까지 간다. 존은 대형 보험회사에 다니고 있는데, 최근에 부서의 차장이 되었다. 아마 내년이면 부장으로 승진할 것이다. 그는 해마다 회사의 주주총회에 참석하기 위해 시애틀에 가는데, 여기서 어떻게 소문이 났는지 모르지만 그는 회사의 떠오르는 스타가 되었다.

존은 주말에도 대체로 처리해야 할 서류 작업에 시달린다. 그런 일이 없을 때면 대개 잔디에 물을 주거나 아이들을 실어 나르거나 먹을거리를 사러 가거나 목공일을 하면서 주말을 보낸다. 한두 시간은 텔레비전 스포츠 중계를 즐기고, 여름이면 이따금 이웃들과 바비큐에 맥주 한 잔을 걸치기도 한다.

존이 기후에 끼치는 결정적인 부담 역시 자동차다. 큼직한 엔진이 달린 그의 차는 매년 온실가스를 12톤이나 매출한다. 매년 시애틀까지 비행기를 타고 다니는 데 배출되는 가스도 엄청나다. 가정에서 그와 아내는 집의 냉난방 방식에 대해, 많은 가전제품의 효율에 대해 다시 생각해 보면서 엄청난 온실가스 배출에 대한 책임을 느껴야 한다.

우리 모두 가계 소득이 늘면 같은 문제에 직면하게 되는데, 부유해질수록 에너지 소비가 많은 활동을 하게 된다. 아이 둘을 키우는 맞벌이 부부인 카본 씨 가족이 기후에 끼치는 영향은, 항상 버스로 출퇴근을 하고 집에 전등을 켜 둔 채 외출한다는 것은 상상도 못하던 결혼 초기에 비하면, 엄청나게 커졌다. 그들 가족의 에너지 지출은 온실가스 배출량이 매년 13톤에 이를 정도여서, 이제 "고소비" 등급에 분류된다. 사내아이들은 클수록 많이 먹어서 매주 사오는 음식의 무게만도 30킬로그램이 넘는다. 이 정도를 실어 나르는 데 추가로 드는 온실가스가 매년 4.5톤은 된다. 집안과 정원에서 나오는 쓰레기는 재활용을 할 수 없어 지역 매립장의 어두운 구덩이에 묻혀 아주 느리게 썩어 가는데, 여기까지 가는 데 추가로 드는 배출량도 만만치 않다.

조지 카본

조지는 이제 곧 여덟 살이 된다. 나이는 아직 어리지만 에너지 소비는 어른 못지않다. 카본 가족의 앞뜰과 뒤뜰에 일 년 내내 트램펄린과 미끄럼틀 등 온갖 플라스틱 잡동사니가 널려 있는 것도 다 조지를 위해서다. 뒤뜰에서 놀다 보면 종종 엄마와

충돌을 일으키는데, 알아볼 수 없을 정도로 꽃이 꺾여 있거나 원인 모를 병을 앓을 때면 더욱 그렇다. 아직 어리기 때문에, 조지가 기후변화에 끼치는 영향은 주로 부모에 의해 결정된다. 엄마의 다인승 자동차를 타고 학교를 오가는 데 배출되는 온실가스는 매년 600킬로그램이 넘는다. 그런가 하면 가족 중 가장 어린 이 녀석도 집에서 나름대로 에너지를 낭비함으로써 지구에 피해를 끼치고 있다. 아빠가 아무리 회유와 협박을 해도 조지는 수시로 전등과 텔레비전, 그리고 배터리로 움직이는 무수한 장난감을 켠 채로 내버려 둔다. 이렇게 낭비되는 에너지가 매년 온실가스 120킬로그램에 해당한다.

헨리 카본

헨리는 열두 살이다. 학교에서 유행하는 것마다 홀딱 반해서 따라할 나이이다. 어떤 주는 게임 카드 모으기가 유행하고, 그 다음 주는 스케이트보드가 유행하는 식이다. 그토록 바라던 스케이트보드가 창고에 처박혀 먼지를 뒤집어쓰기 시작하는 동안 헨리는 온라인 판타지 게임기 앞에 내리 네 시간을 앉아 있다. 헨리의 방은 우주비행 관제센터 같다. 텔레비전, 스테레오, 컴퓨터, 핸드폰, 모뎀이 밤낮으로 번쩍거리고 웅얼거린다.

동생인 조지와 마찬가지로 헨리도 기계들을 쓰든 안 쓰든 켜

두는데, 이 때문에 매년 추가로 배출되는 온실가스가 160킬로 그램이 넘는다. 헨리 역시 냉기가 약간만이라도 느껴지면 바로 온풍기를 켰다가 그냥 내버려 두는 버릇이 있다. 이렇게 매일 두 시간 이상 공연히 켜 두는 바람에 매년 온실가스가 700킬로 그램 더 배출된다.

다행히 학교에 스쿨버스로 통학하기로 한 헨리의 결정은(사실은 카드놀이를 더 하기 위해서이다) 엄마의 차로 다니는 것에 비해 온실가스를 반 톤 이상 줄여 준다. 버스가 매년 꼬마 도박사 한 명을 학교로 실어 나르느라 배출하는 온실가스는 고작 53킬로그램밖에 되지 않으니까.

몰리

몰리는 카본 집안의 애완견이다. 아홉 살인 이 녀석의 양말에 대한 취미 때문에 가족 중 그 누구도 짝 맞는 양말이 없다는(그것도 전부 구멍이 나 있다) 불평을 늘어놓지 못한다. 몰리가 기후변화에 끼치는 영향은 전적으로 존과 케이트의 책임이다. 그것은 부부가 녀석이 좋아하는 산책 장소로 차를 몰고 가느냐에 달려 있다. 대개 차를 몰고 가는데, 괜찮은 곳은 대부분 너무 멀거나 위험해서 걸어갈 수가 없기 때문이다.

한번 산책을 하려면 다인승 차로(SUV는 새 차라서 녀석의 흙

투성이 발로 엉망을 만들 수 없다) 6킬로미터는 가야 한다. 이 때문에 킬로미터당 300그램의 온실가스가 배출된다. 왕복하면 총 4킬로그램이다. 비가 오든 말든 매일 두 번씩 이런 식으로 산책을 하면 몰리 때문에 배출되는 온실가스가 한 해 3톤 정도나 된다.

조지와 헨리의 할머니

카본 할머니는 가족과 차로 반시간 정도 떨어진 곳에 산다. 그녀는 40년째 지금의 크고 어수선한 집에 살고 있다. 구석구석에 행복한 추억이 서려 있는 집이다. 할아버지는 생전에 집의 상당 부분을 자기 손으로 지었다. 당시만 해도 주변은 대부분 들판이었고 차가 막히는 앞길은 먼지가 날리는 작은 길이었다. 젊은 시절 할머니와 할아버지는 주택 융자를 갚느라 소처럼 일했다. 주말이면 페인트칠이나 장식을 하거나 집을 더 멋지게 만들 궁리를 하며 보냈다. 아들 존 카본은 이 집에서 나고 자랐으며, 케이트와의 결혼식 피로연도 이 집 정원에서 했다. 할아버지가 8년 전에 갑자기 세상을 떠난 뒤로 할머니는 집에 혼자 살게 되었다. 그렇다고 집에서만 지내는 건 아니고 거의 매일 이런저런 모금 행사에 가거나 골프를 치거나 손자들 뒷바라지를 하러 바깥에 나간다.

할아버지가 돌아가시자 할머니는 오랜 자랑이자 기쁨이던 차—기름을 엄청나게 집어먹는 68년식 대형차—를 바꿨다. 할머니는 이 노란 해치백 승용차를 매년 9천 킬로미터 정도 주행한다. 이 새 차가 한 해 배출하는 온실가스는 2톤인데, 기름을 두 배는 더 먹고 시내에 주차할 때마다 애를 먹이던 옛날 차에 비하면 대단한 발전이다.

할머니는 해마다 부활절이면 오리건 주 비버튼에 있는 언니네 집에 간다. 이 때문에 그녀의 온실가스 일 년치 예산은 1톤이 더 들어간다. 지금 집이 너무 커서 할머니는 더 작고 신식인 은퇴자 아파트로 이사할 생각을 하고 있다.

아들과 며느리한테서 재활용이 어떠니 "환경"이 어떠니 하는 소리를 몇 번 들어 보긴 했지만, 그런 좌파적인 이야기에는 관심 없다. 지금보다 시원하던 젊은 시절의 여름 날씨는 아주 그립지만, 전쟁 시절에 강요당한 근검절약은 전혀 그렇지 않다. 그래서 그녀의 한 해 온실가스 배출량은 10톤에 달하고, 뒤뜰의 재활용 박스에는 낙엽과 빗물만 가득하다.

카본 가족은 온실가스를 얼마나 뿜어낼까?

할머니와는 달리 환경을 위해 나름대로 할 일을 하고 있다는 케이트와 존의 집은 얼마나 나을까? 먼저 장점부터 살펴보자.

그들은 대부분의 신문지와 종이상자 등을 재활용하여 매년 온실가스 400킬로그램을 줄인다. 각종 병과 캔을 재활용함으로써 매년 온실가스 예산의 300킬로그램을 추가로 줄인다. 케이트는 정원에서 채소를 길러 먹는 덕분에 그러지 않을 때 드는 온실가스를 매년 300킬로그램 줄인다. 존은 전구 세 개를 절전형으로 바꾸었고, 이제 곧 모두 바꿀 생각인데, 현재까지 줄인 온실가스가 225킬로그램이다. 이렇게 해서 이 가정은 한 해에 1,200킬로그램이 넘는 양을 줄였다.

단점이라면 이 가정의 온실가스 배출량 가운데 압도적인 양을 차지하는 교통수단이다. 이 가족이 모는 엔진이 큰 두 대의 차는 매년 18톤의 온실가스를 뿜어 댄다. 여름휴가도 문제다. 지난 6년 동안 카본 씨 가족은(개집에서 지내야 하는 몰리는 빼고) 멕시코 칸쿤으로 비행기를 타고 가 휴가용 주택에서 2주 동안 수영과 일광욕을 즐겼다. 비행기로 1킬로미터를 갈 때마다 가족 한 사람이 추가로 배출하는 온실가스가 150그램이다. 그래서 칸쿤 왕복 여행을 하면 1인당 400킬로그램을 쓰게 된다. 존이 매년 시애틀의 주주총회에 참석하고 가족들이 멕시코 여행을 하느라 유발되는 온실가스를 합치면 모두 2.5톤이 넘는다.

이들이 교통 때문에 배출한 온실가스를 모두 합치면 20.5톤이 된다. 냉난방에 13톤, 음식과 관련해서 4.5톤, 그리고 각종 쓰레기 때문에 1톤이 배출된다. 이리하여 "나름대로 할 일을 하고 있다"는 카본 가족이 매년 대기 중에 뿜어내는 온실가스는

39톤이 넘는다. 집 전체를 40번은 채우고도 남는 양이다.

카본 가족이 나름대로 노력해서 줄였다는 온실가스 배출량은 민망스럽게도 3퍼센트밖에 되지 않는다. 이는 정치인들이 「교토의정서」에서 정한 목표치인 5.2퍼센트에도 못 미치는 수준이다. 과학자들이 강력히 주장하는 60퍼센트 감축에는 어림도 없다. 환경에 끼치는 악영향을 줄이는 데 꽤 기여하고 있다고 생각하는 그들에게는 충격적인 결론이다. 그들에게 정말로 필요한 생활상의 변화는 격주로 신문지를 분리해서 내놓는 정도 이상이어야 한다.

기후변화의 후유증

카본 가족의 집이 있는 미국 남동부는 지난 몇 십 년 사이에 아주 인기가 좋아진 지역이다. 미국에서 생산하는 식량의 3분의 1과 목재의 절반이 여기서 나온다. 인구는 1970년대 이후로 3분의 1이나 늘었는데, 그들 중 대부분이 바닷가에 새 집을 지어 이사를 왔다. 기후변화는 이 지역 수십만 수백만의 사람들에게 실질적인 위협을 가하고 있다. 그들의 집, 직장, 생명이 직접적인 위험을 당하고 있는 것이다.

남동부 주들의 여름 기온은 2100년까지 섭씨 10도 이상 높아질 것이라고 한다. 이는 미국의 다른 어느 지역에서 예상되는 상승치보다 높은 수치다. 이러한 급상승은 이 지역 전역에 사는 사람들, 특히 어린이와 노인과 가난한 사람들에게 심각한 위험을 초래할 것이다. 기온이 치솟으면 비싼 에어컨을 갖추지 못한 사람들이나 더위에 약한 사람들이 당할 위험도 급격히 높아지기 마련이다. 조지아 주 애틀랜타의 경우 21세기 동안 7월 중 더운 날은 온도가 54도까지 올라갈 수 있다고 하는데, 이는 갓난아기나 몸져누워 있는 노인들은 말할 것도 없고, 황소 같은 장사라도 견디기 힘든 더위다.

다행히 에어컨을 갖춘 사람들에게는 막대한 에너지가 들 것이며, 그만큼 발전량이 많아져 대기오염이 심해질 것이다. 그리고 그만큼 오존 농도가 떨어지고 분진이 늘어나면서 호흡기 질환 문제가 심각해질 것이다. 결국 에어컨은 미국 남동부에서 안심할 수 있는 여름을 보내기 위한 이상적인 처방이 아니다.

또 하나 크게 우려되는 점은 홍수다. 홍수는 이미 미국 남동부의 자연재해로 인한 사망의 주요 원인이며, 미국 전체로 볼 때 매년 100명의 희생자를 내고 있다. 19세기 중반 이후로 해수면이 30센티미터 상승했는데, 여러 기후변화 모델에 따르면 2100년까지 90센티미터 이상 상승할 것으로 보인다. 지난 세기에 물에 잠겨 버린 땅의 면적이 400만 제곱킬로미터 정도 된다. 해안 삼림지대 가운데 수천수만 제곱킬로미터를 파괴해 버린 짠물은 내륙으로 서서히 유입되면서 더 많은 나무들을 죽이고 있다.

지난 수십 년 동안 해수면 상승과 토지 개발이 겹치면서 해안 습지 13만 제곱킬로미터가 파괴되었다. 해안의 습지는 바닷물에 의한 범람과 침식으로부터 육지를 보호해 주는 천연 완충지대 역할을 하는데, 해수면이 자꾸 올라가니까 이런 천연 방벽이 더 상실되면서 내륙의 주거지가 물에 잠길 위험은 더욱 커지고 있다. 이번 세기 말이면 강수량도 25퍼센트 증가함으로써 홍수의 위험은 더욱 커질 것으로 보인다.

바닷가 지역의 수질에 대한 권리도 기후변화에 따라 더 위태로워질 것으로 보인다. 짠물은 해안 일대의 식수를 갈수록 오염시킬 것이고, 기온이 높아지면서 바닷물의 산소 함유량이 줄어들면서 물고기를 비롯한 해양 생물들이 피해를 입을 것이다. 돌발적인 홍수로 하수, 썩어 가는 생물의 사체, 화학 물질, 기름 등이 섞이면서 식수가 오염될 것이다. 노스캐롤라이나가 1999년에 겪은 운명이 바로 이러한 것이었다(1999년에 노스캐롤라이나에 닥친 "플로이드"라는 이름의 허리케인으로 인한 홍수로 56명이 사망했다―옮긴이).

기후변화의 이러한 후유증이 야기할 경제적 비용은 갈수록 늘어나게 되어 있다. 미국 남동부에서 날씨와 관련된 재해로 들어간 돈이 지난 20년 동안 850억 달러나 되었다. 1998년 한 해에만 폭염과 가뭄으로 60억 달러의 비용과 200명의 인명이 희생되었다.

이번 세기 동안 작물의 수확은 일부 지역에서는 늘겠지만 나머지 지역, 특히 멕시코 만 일대에서는 떨어질 것으로 예상된다. 일부 콩 재배업자들은 수확량이 무려 80퍼센트나 급락한 것을 이미 목격했고, 밀 재배업자들의 경우 수확량이 2090년까지 20퍼센트 늘어날 수도 있다. 대기 중 이산화탄소 농도가 높아지면서 남동부 지역에 있는 나무의 성장은 빨라질 수 있다. 일부 예측에 따르면 향후 100년 동안 소나무가 10퍼센트, 활엽수는 25퍼센트 늘어날 것으로 보인다. 그러나 우리의 부지런한 벌목업자들에게 나쁜 소식도 있다. 짠물 때문에 숲이 파괴되는 것과 더불어 토양이 건조해지고 화재가 잦아지면서(여름 기온이 치솟음에 따라) 2100년이면 숲의 상당 부분이 초지로 바뀔 것이라는 예측도 있다.

카본 씨의 집은 해안에서 160킬로미터 떨어져 있으며 해발 130미터 지점에 자리 잡고 있다. 해수면보다는 꽤 높은 곳이다. 그러나 갈수록 폭풍우가 심해지면서 인근의 강은 심각한 홍수를 당할 위험이 있다. 카본 씨는 보험회사에 다니고 있어서 그 위험이 어느 정도인지 너무도 잘 알고 있다. 앨라배마의 홍수 위험에 대한 과학계의 평가가 나온 뒤로 그가 일하는 보험회사의 보험료가 치솟았으며, 그는 거의 매일 잠재 고객에게 집이 해안에서 30킬로미터 이내 거리에 있으면 사실상 보험 가입이 불가능하다고 말해야 한다.

할머니는 지난 10년 동안 식수 오염을 대여섯 번은 겪었다. 그때마다 슈퍼마켓에서 사온 물에 의존하느라 돈도 많이 들었다. 존은 지난여름 에어컨을 바꿔야 했다. 기존의 에어컨은 오랫동안 틀 수 없어 결국 버려야 했던 것이다. 며칠 동안 찜통 속에서 견디며 에어컨 업체에 전화를 걸어 새로운 에어컨으로 바꿔달라고 부탁을 해야 했는데, 그 무렵 전국에서 비슷한 전화가 쇄도했을 업체에게는 한계가 있는 일이었다.

여름 기온이 치솟으면서 카본 가족의 휴가도 영향을 받았다. 기후변화가 끼칠 영향에 대한 여러 모델의 예측은 주로 선진국을 위한 것이지만, 멕시코가 입을 피해가 상당할 것이라는 점은 분명하다. 여름 폭염으로 멕시코에서는 주로 심장 질환과 호흡기 질환으로 더 많은 사상자가 날 것으로 보인다. 멕시코의 경우 전반적으로 에어컨이 부족하고, 인구밀도도 높으며, 의료 체계도 취약해 문제는 더욱 심각해진다. 멕시코시티와 그 밖에 인구가 과밀하고 오염이 심한 대도시의 경우 상황은 최악일 것이다. 도시에서는 "열섬" 현상이 나타난다. 이는 도로와 건물이 열을 흡수하여 붙들어 두기 때문에 도시의 기온이 주변 시골 지역보다— 밤에도— 몇 도나 더 높이 지속되는 현상이다. 이와 더불어 기온이 전반적으로 올라가면서 멕시코시티의 평균 기온은 이번 세기 동안 섭씨 5도 정도 치솟을 것으로 보인다. 이토록 매우 실질적인 위협에 멕시코 전반의 식수 공급이 빚을 차질을 더해 보자. 식수에 대한 수요는 더 늘어나고 공급은 떨어질 것이기 때문에 이 나라 사람들이 입을 건강상의 피해는 어마어마해질 것이다.

현재 약 1,800만 명의 미국 시민이 멕시코에서 휴가를 보내고 있다. 카본 가족과 마찬가지로 이 관광객들은 여름 기온이 너무 올라가면 우르르 몰려가서 지내는 일을 점점 줄여 나갈 것이다. 이는 멕시코의 취약한 경제가 기후변화에 대처하여 치를 수 있는 비용 가운데 가장 감당하기 어려운 것이 될 것이다.

카본 가족과 미국 남동부에 사는 그들의 이웃에게 닥친 위협은 세계 곳곳에서 일어날 수 있는 일이다. 훨씬 더 심한 곳도 있겠고 그만큼 나쁘지 않은 곳도 있을 것이다. 지구온난화의 뚜렷한 영향은 예측하기 힘든 경우가 많다. 그만큼 지구의 기후 체계가 복잡하기 때문이다. 하나의 요인이 다른 문제를 일으킬 수 있으며, 그에 따라 일련의 문제들이 나타날 수 있다. 어떤 영향은 다른 것들을 상쇄해 버릴 수도 있다. 지구의 증발과 증산蒸散의 순환은 더욱 빨라질 것으로 보인다. 이는 전반적으로 비가 많아지며 수분이 더 빨리 증발한다는 것을 뜻한다. 그러면 작물이 한창 자라는 중요한 시기에 토양이 더욱 건조해져 작물 수확이 급감하고 기근이 발생할 가능성이 높아진다.

최대 풍속이 더 강해질 것이며, 허리케인 같은 극단적인 기상 사태도 더욱 자주 발생할 것이다. 열팽창과 빙붕의 해체로 해수면이 상승함에 따라 인구의 대이동과 농지의 대량 유실이 야기될 수 있다. 몇몇 섬과 해안 저지대는 아예 사라져 버릴 수도 있다. 남태평양의 투발루와 방글라데시의 순다르반스 삼각주가 그런 경우다. 지구의 평균 해수면은 지난 100년 동안 이미

15센티미터 정도 상승했으며, 앞으로 30년 동안 지구온난화 때문에 18센티미터 더 상승할 것으로 보인다. 이런 추세가 지속된다면 2100년까지 88센티미터가 높아질 것이다.

가장 심각한 피해를 입을 가능성이 높은 곳은 세계에서 가장 가난한 나라들, 즉 인간이 초래한 기후변화에 대한 책임이 가장 적은 나라들이다. 많은 지역이 홍수와 이상 기후와 질병으로 엄청난 농경지를 잃음으로써, 전에 없던 수준으로 기아에 허덕이게 될 것이다. 깨끗한 물이 갈수록 부족해질 뿐만 아니라 열악한 위생, 더딘 의료 서비스, 빈약한 영양 상태 때문에 전염병이 창궐하기에 완벽한 조건이 만들어질 것이다.

사막은 늘어나고, 극심한 폭풍, 홍수, 기아 때문에 엄청나게 많은 사람들이 살던 곳을 떠남으로써 불안이 조성되며 이민 제도에 대한 압력이 커질 것이다. 열대성 질병은 새로운 지역으로 확대될 것이다. 예컨대 말라리아가 퍼질 수 있는 지역은 지도상으로 세계 인구의 45퍼센트가 사는 면적에 해당하는데, 이 수치가 2050년이면 60퍼센트까지 높아질 것이라고 한다. 마지막으로 기후변화는 전 세계의 생태계와 야생 동식물에게 엄청난 충격을 줄 것이다. 여러 온난화 시나리오에 따르면 2050년까지 육지 생물종의 3분의 1이 멸종할 것이라고 한다.

온실가스의 정체

등에 털이 난 최초의 원시 인류가 처음으로 불을 지피기 오래전부터 대기에는 이미 온실가스가 있었으며, "온실 효과"라는 게 엄연히 작동하고 있었다. 온실의 유리가 햇빛을 통과시키기는 하되 반사되는 열의 상당량을 밖으로 달아나지 못하게 가두는 것처럼, 우리의 대기도 태양에서 들어오는 빛을 통과시키기는 하지만 지구 표면에서부터 우주로 다시 발산되려는 열복사의 일부를 차단해 버린다.

창밖을 내다보자. 운이 좋으면 해가 비치고 새들이 지저귀고 있을 것이다. 이때 밖에 보이는 모든 것, 진입로에서부터 정원의 잔디, 이웃의 차, 뜰 구석에 자라는 희한한 버섯에 이르기까지 모든 것이 우주로 에너지를 되돌려 보내고 있다. 이런 식으로 대기로 되돌아가는 에너지의 양은 태양에서 들어오는 양과 균형을 이루어야 한다. 온실이 들어오는 가스의 일부를 잡아두는 것처럼, 들어오는 것보다 나가는 것이 적으면 지구는 열을 내기 시작한다. 이것이 지구온난화다.

온난화가 없다면 지구의 평균 기온은 지금처럼 살기 좋은 섭씨 15도가 아니라 엄청나게 추운 영하 18도가 될 것이다. 그런데 큰 문제는 지구를 수천 년 동안 따뜻하게 해 준 온실가스라는 담요가 인간 때문에 엄청난 규모로 두꺼워지고 있다는 점이다. 대기의 역사를 그래프로 나타낸 것을 보면 다양한 온실가스

그림 1 이산화탄소를 붙들어 두느라 바쁜 칠레소나무

의 양이 서로 비슷한 모양을 하고 있는 것을 알 수 있다. 수천 년 동안 고만고만하던 것이 18세기 말과 19세기 초가 되면서 갑자기 상승하기 시작하다. 처음에는 서서히 올라가다가 나중에는 초호황기의 주식처럼 꺾일 줄을 모르고 급등한다. 산업혁명의 도래로 화석 연료를 엄청나게 때기 시작한 것이다. 이산화탄소의 양은 거의 30퍼센트가 늘어났고, 메탄은—논농사, 쓰레기 매립, 소의 사육으로 비롯되는 온실가스—1800년 이전에 비해 두 배 이상으로 뛰었다.

　이 두 온실가스의 양은 여러분과 내가 이 번뇌의 세상을 하직하고 한참 뒤에도 계속해서 늘어나게끔 되어 있다. 예컨대 이산화탄소 농도는 2100년이면 두 배로 늘어날 것으로 보인다. 그 결과 지구의 기온은 2도에서 5도 정도 올라갈 것으로 예상된다. 게다가 20세기에 이미 온도가 0.5도 올라간 상태다. 우리 모두를 위협하는 것은 이러한 온난화, 그리고 그것이 지구 전체의 기후에 끼칠 엄청난 재앙이다.

여기서 핵심적인 역할을 하는 주요 선수들에 대해 좀더 자세히 살펴보자. 이산화탄소와 메탄은 거물급 타자다. 이 둘 말고도 전 지구적으로 문제가 되며 정치인들이 통제할 필요가 있는 것으로 지목해 놓은 선수가 넷 더 있다. 그중 하나는 흔히 웃음가스(마시면 얼굴 근육에 경련이 일어나 웃는 표정이 되는 기체라는 뜻에서 웃음가스라 불리며 마취 효능이 있어 외과 수술시 전신마취용으로 사용된다―옮긴이)라 불리는 아산화질소다. 이 가스는 주로 비료와 가축 사육에서 비롯된다. 그 다음은 수소불화탄소(HFC), 과불화탄소(PFC), 육불화황(SF6)이라는 것들이다. 이들 셋은 완전한 인공물로, 냉장고 냉매나 스프레이 추진제 같은 데서 나오는 것들이다. 얄궂게도 수소불화탄소는 냉매와 추진제에서 주로 배출되던 오존층 파괴물질인 클로로플루오로카본(CFC)을 대체하려다 만들어진 것이다. 이렇게 해서 이들 여섯 가지 기체는 이른바 "여섯 바스켓Basket of Six"을 구성하며, 각각 우리의 기후를 위협한다(수증기도 강력한 온실가스지만 대체로 다른 가스의 배출 때문에 촉진되는 것이기 때문에 온실가스 "바스켓"에서 제외된다).

일부 온실가스는 다른 것들에 비해 발산되는 열을 훨씬 더 잘 붙든다. 제일 유명한 이산화탄소는 사실 제일 열을 잘 가두지는 않지만 다른 것에 비해 농도가 훨씬 더 높기 때문에 지구온난화에서 더 큰 역할을 하고 있다. 반면에 수소불화탄소는 아주 적은 양이 배출되지만 한 분자당 가둘 수 있는 열의 양은 이산화탄소 분자에 비해 월등하다.

하늘을 한번 바라보자. 눈에는 보이지 않지만 어쨌든 우주로 돌아가고 있는 에너지의 흐름을 상상해 보자. 열이 대기를 통해 솟아오르고 있다. 그중 상당 부분은 진공의 우주 공간으로 돌아가지만 일부는— 온실가스를 만난 부분 — 다른 여행을 하게 된다. 이런 에너지가 트롤 어선의 그물이고, 지구에서 발산된 에너지가 우주의 찬 공기를 향해 몰려가는 물고기 떼라고 상상해 보자. 대기 중의 온실가스는 하늘에 펼쳐진 거대한 그물이다. 이산화탄소라는 그물은 제일 크긴 하지만 그물코(그물눈)가 성겨서 물고기들이 많이 빠져나간다. 메탄과 아산화질소와 그 밖의 온실가스는 그물의 크기는 훨씬 작아도 그물코가 대단히 촘촘하기 때문에 열을 가두는 능력은 훨씬 뛰어나다. 예컨대 메탄 그물은 이산화탄소에 비해 스무 배나 촘촘하며, 스타킹 수준인 아산화질소는 300배나 더 촘촘하다. 고기잡이 비유를 계속하자면, 인류가 지난 1세기 남짓 동안 내뿜은 이산화탄소 등의 온실가스 때문에 대기 중의 그물은 더 커지면서 촘촘해졌고, 그 때문에 어획량도 날이 갈수록 늘어나고 있다.

「교토의정서」

온실가스 배출량이 늘어나고 지구의 기온이 올라가자, 미래 예측이 더욱 불길해지자, 국제 사회는 국제연합이라는 우산 아래에 모여 각성하기 시작했다. 그리하여 1988년에는 인간이 초래한 기후변화가 어느 정도인지를 평가하기 위해 "기후변화에 관한 정부간 위원회(IPCC)"가 만들어졌고, 기후변화에 관한 전반적인 정책을 제공하기 위해 국제연합 기후변화에 관한 기초회의(UNFCCC)가 발족되어 지구온난화와 싸우기 위한 전 지구적 노력의 기반을 제공하고 있다.

1997년에는 「교토의정서」가 채택되었다. 이는 160개 이상의 나라가 전 지구적으로 온실가스 배출 감축 목표를 설정한 것이었다.

「교토의정서」의 목표치는 미국의 7퍼센트 감축에서부터 아이슬란드의 10퍼센트 확대에 이르기까지 범위가 넓다. 지구 전체의 목표는 배출량을 5.2퍼센트 감축한다는 것이었다. 그러나 과학계에서 합의된 바에 따르면 기후를 안정시키고 재앙과도 같은 충격을 피하려면 세계적으로 2050년까지 60퍼센트를 감축해야 한다고 한다. 그 정도로 줄일 수 있으면, 예를 들어 방글라데시의 해안에서 발생하는 범람의 경우 아무 조치도 취하지 않는 것에 비해 2100년까지 90퍼센트가 줄어들 수 있다고 한다. 60퍼센트 감축은 부인할 수 없는 대단한 수치다. 그런 목표치를 달성하려면 지금 당장 배출량에 관해 의미 있는 행동을 할 필요가 있다.

「교토의정서」의 감축안은 시작에 불과한 것임에도 취지가 훼손당하고 있다. 세계 최대의 배출국인 미국과 오스트레일리아가 그 정도의 적은 감축 목표치에 서명하는 것마저 거부했기 때문이다. 그러는 사이 이미 서명을 한 국가들도 그 틈을 타 의정서에 채택된 수치를 줄이겠다고 윽박지르고 있다.

「교토의정서」의 취지를 되살리기 위해, 세계 최고의 학자 수천 명은 우리가 온실가스 배출을 줄이지 않으면 우리도, 우리 아이들도, 그 아이들의 아이들도 참혹한 사태를 겪을 게 분명하다고 경고하고 있다. 어떤 주제를 놓고 과학계의 여러 거물들의 의견을 일치시킨다는 것은 고양이 떼를 모는 것만큼이나 어려운 일이다. 그런 그들이 기후변화에 대해서만큼은 다음과 같이 분별 있는 합의를 보았다.

지난 50년간 관찰된 지구온난화의 대부분은 인간의 활동 탓으로 보인다.

원래는 보수적이었던 그룹이 내놓은 이 강력한 발언은 2001년에 나온 것이다. 그렇지만 배출량은 아직도 증가하고 있다.

공정성을 위하여, 지구온난화 걱정을 할 필요가 없다고 생각하는 과학자들이 아직은 조금 있다는 이야기도 해야겠다. 여섯 명 정도가 그러고 있다. 수는 적어도 떠들썩한 이 사람들은, 기후는 늘 변해 왔으며 우리가 보는 온난화는 단지 지구의 기온이 자연적으로 오르내리면서 나타나는 결과일 뿐이라고 주장한다. 그럴듯한 소리 같지만, 지구의 온도가 얼마나 빨리 올라가고 있는지만 자세히 살펴봐도 말이 안 되는 주장임을 알 수 있다. 지구의 기온을 통제하는 모든 "자연적" 요소 ― 태양의 활동, 화산, 지구와 태양의 거리 같은 것들 ― 를 합해 보자. 그래도 온난화의 원인 가운데 큰 공백이 남아 있다는 사실을 알게 될 것이다. 범인은? 인간이 방출한 온실가스다.

기후변화를 부인하는 사람들은 자기 입맛에 당기는 온갖 자연적 변이에 대해 지껄이곤 하는데, 다음과 같은 날 것 그대로의 사실이 있다.

- 온실가스가 지구를 데운다.
- 지구의 온도가 지난 100년 동안 0.6도 올라갔다.
- 지금의 대기 중 온실가스 농도는 지난 42만 년 동안의 그 어느 때보다 높다.
- 산업혁명 이후 온실가스 농도가 약 50% 높아졌다.

"자연적" 변이? 설마 농담이겠지.

인간이 초래한 기후변화를 계속해서 부인하는 연구자들이 소수이며, 그 수가 줄어들고 있다 해도 이들에겐 막강한 정치적

우군들이 있다. 미국 정부는 「교토의정서」에 대한 반대 견해를 옹호하면서 흔히 "과학적 불확실성"을 언급하곤 했다. 42만 년의 기록이 너무 짧아서 불확실하다는 것이다. 내가 이 글을 쓰고 있는 동안 유럽의 동지들은 남극의 빙핵氷核을 연구하고 있다. 그것에는 우리 대기의 온실가스 농도에 대하여 훨씬 더 오래된 기록─거의 100만 년의 기후 역사─이 담겨 있다. 회의론자들은 더 많은 증거를 원하는가? 곧 보게 될 것이다.

선진 세계의 국가들(실질적으로 산업화된 서구)은 세계 인구의 20퍼센트만을 차지하지만 세계 자원의 80퍼센트를 쓰고 있다. 그런데 불길하게도 석유로 유지되는 우리의 생활수준을 많은 개발도상국들이 따라하려고 애쓰고 있다. 개발도상국 세계의 수십억 인구가 평균적인 미국인 수준으로 소비와 배출을 할 정도로 발전한다면 우리는 대재앙에 가까운 기후변화를 목격하게 될 것이다. 10억 이상의 인구와 막대한 석탄을 보유하고 있는 중국은 이미 세계 2위의 온실가스 배출국이며, 미국을 빠르게 추격하고 있다.

과학계의 경고가 아직 기후변화에 대한 의미 있는 지구적 반응을 불러일으키지 못한 것이 놀라울 따름이다. 「교토의정서」는 아직 유효하지만 세계 최대 배출국은 아직도 동승하지 않고 있다. 그렇다고 완전히 절망적인 것은 아니다. 세계 곳곳에서 갈수록 많은 사람들이 지구온난화를 저지하기 위해 나름의 실천을 하기 시작하고 있다. 개개인의 행동도 지구 전체 차원에서 이루어지면 엄청난 효과를 발휘할 수 있다. 가정용이나 개인용 교통수단이 배출하는 양이 막대하기 때문에 개인 차원의 실천은 상당한 영향을 끼칠 수 있다. 여기에 그러한 생활방식의 변화가 지역 사회, 산업계, 그리고 궁극적으로 정부의 기후 정책에 끼칠 아래로부터의 영향도 상당할 것이다. 따라서 기후변화에 대한 개인적인 행동의 중요성이 막대하다는 점은 분명하다.

지난 300년 동안 선진 세계의 시민들은 잠재적으로 어떤 재앙을 초래할지도 모른 채 점점 더 많은 이산화탄소와 메탄과 아산화질소를 대기 중에 배출하며 살았다. 이제 더는 몰랐다는 게 변명이 될 수 없다. 이제는 스위치를 끄고 자전거를 꺼내 진정으로 "자기 몫"을 할 때가 되었다.

왜 여러분이 나서야 하는가? 여러분이 나서지 않으면 재앙을 당할 사람이 바로 여러분 자신 — 여러분의 가족, 친구, 그리고 후손 — 이기 때문이다. 우리 부모와 조부모 세대는 엄청난 기술개발, 농업과 의학의 엄청난 진보, 수많은 사람들이 자유롭게 살 수 있도록 해 준 두 차례의 세계대전에서의 희생으로 후세에 기억될 것이다. 반면에 우리는 "이기적인 세대"로 기억될 것이다. 자신들이 누린 화석 연료 위주의 생활방식이 미래에 입힐 피해를 알고서도 계속 그대로 살아 버린 세대로 기억될 것이다. 우리 자녀는 우리에게 분노를 느낄 것이고, 손자는 더욱 그럴 것이다. 그들에게는 그럴 만한 이유가 있다. 제1차 세계대전 당시 남자들의 자존심을 자극하여 입대를 권유하는 미국 육군

성의 홍보 문구가 생각난다. "아빠는 세계대전 때 뭘 했어요?"
라고 묻는 아이에게 아빠는 어떻게 대답을 했을까? 마찬가지
로, 여러분의 손녀가 "할아버지도 옛날에 큰 차를 몰았어요?"
라고 물어보면 여러분 표정은 어떻게 바뀔까?

미래의 어느 수업 시간

아이들은 머지않아 — 이미 시작된 곳도 있을 게다 — 마지못
해 교실에 들어가 자리에 앉아 소화도 안 되는 역사와 산업혁명
에 대해 배우면서 선생님에게 깜짝 놀랄 이야기를 듣게 될 것이
다. 선생님은 식량과 전기에 대해 제스로 툴(현대 농업의 기초를
이룩한 영국의 작물학자이자 발명가—옮긴이)과 토머스 에디슨이
이룬 업적을 가르치는 대신 다른 이야기를, 우리 조상의 계몽주
의가 초래한 아주 현대적인 결말 — 바로 기후변화 — 을 이야기
할 것이다. 수업은 다음과 같이 진행될 것이다.

18세기 초에는 밤이 일하는 방식이나 생활방식을 지배했지. 해가
지면 일을 그만하라는 신호였어. 대부분의 일이 어두우면 할 수 없
는 것들이니까. 그러다 1721년에 최초로 "공장"이 가동되었는데,
이게 산업 시대의 신호탄이었어. 18세기 말에는 증기 엔진과 자동
방적기를 포함한 기술 혁신 때문에 생산 방식과 작업 방식이 변해

버렸어. 그 뒤 1831년에 마이클 패러데이가 발전을 실용화하자 밤을 거역하는 일이 대규모로 가능해졌지. 18세기에 있었던 작업 방식과 생활 방식의 변화와 더불어 국가적으로나 개인적으로나 온실가스 배출이 크게 늘어났지. 유럽과 북아메리카에 산업화가 번지자 인간이 초래한 급속도의 지구온난화가 시작되었어.

18세기에는 급격한 인구 증가와 함께 소비 문화도 크게 늘어났어. 실제로 18세기 말에 제철 산업의 붐을 일으킨 가장 중요한 원동력은 기계 부품이나 선박 같은 것들에 대한 산업 수요가 아니었어. 그보다는 가정에서 쓰는 쇠붙이 — 냄비나 프라이팬이나 벽난로 —에 대한 소비 수요가 컸지. 쇠를 더 만들려면 석탄을 더 때야 했고, 그래서 이산화탄소 배출도 더 늘어난 거지.

18세기에 새로 개발된 증기 엔진은 석탄을 때서 움직이는 것이어서 석탄이 더 많이 필요해지게 되었어. 여러 모로 볼 때 석탄은 산업혁명에 불을 지폈고, 우리가 지금 경험하고 있는 지구온난화로 가는 길을 닦았어.

1인당 온실가스 배출량은 18세기에 급속도로 높아졌지. 영국을 예로 들면 1인당 배출량이 1700년에는 매년 1톤 정도였는데, 1800년에는 3톤으로 늘어났단다. 19세기와 20세기가 되면서 발전과 배출의 수준은 함께 올라갔어. 전기 조명, 자동차, 냉장고 같은 것들이 나오면서 이 꺾일 줄 모르는 상승 곡선은 더욱 가팔라졌지. 증기 엔진이라는 18세기의 베이스캠프에서부터 온갖 기계가 넘치는 지금의 정상에 이르기까지, 이 상승 곡선은 해가 갈수록 가팔라지고 있어. 이제 영국의 1인당 온실가스 배출량은 매년 11톤 정도이고, 미국은 20톤이 넘는단다.

온실가스 파이를 살펴보자

그렇다면 개개인의 어떤 행동이 기후에 영향을 끼칠까? 카본 가족의 경우처럼, 그것은 우리 대부분이 집에서 하는 행동이나 어딘가를 다니느라 화석 연료를 쓰는 것이다.

우리가 배출하는 전체 온실가스 가운데 가장 많으면서 절반 가까이 차지하는 것은 교통수단(46%)이다. 가장 큰 주범은 역시 자동차. 기름을 엄청나게 잡아먹는 온갖 승용차, 다인승차, 사륜구동 자동차 선진국 평균 가정이 기후에 끼치는 부담 중에서 가장 큰 부분을 차지하는 것이다. 큰 차를 좋아하는 사람이 운전을 자주 할 경우, 전체 부담의 절반 이상을 차지한다. 일이나 여가 때문에 비행기를 타는 경우가 갈수록 잦아지는데, 이것 역시 대부분 사람들의 배출 예산에서 상당한 부분을 차지한다.

가정에서 사용하는 에너지는 그 다음으로 큰 부분을 차지한다. 3분의 1이 넘는 정도다. 이 가운데 절반은 가정용 냉난방 때문이다. 냉장고, 냉동고, 기타 주방 기구와 가전제품이 배출하는 양이 둘째로 많다. 이들 가전제품 관련 배출량이 늘어나는 것은, 우리가 주방은 아이스크림 제조기나 대형 냉장고로, 거실은 대형 벽걸이 텔레비전으로, 선반은 오디오세트와 컴퓨터로 가득 채우기 때문이다.

그 다음으로, 사용하는 연료에 따라 조금 다르긴 하지만 가정에서 배출되는 양의 약 15퍼센트가 온수 사용에서 비롯된다. 예컨대 화력발전소에서 만들어 내는 전기에 비해 가스는 이산화탄소를 훨씬 적게 배출한다. 조명으로 인한 배출량이 5~10퍼센트 정도 되는데, 마당에 몹시 밝은 장식 조명을 다는 사람의 경우 비율이 더 늘어난다. 나머지는 요리 및 세탁으로 인한 것이다.

온실가스 파이에서 그 다음으로 큰 조각을 이루는 것은 식량이다. 사시사철 금귤에서부터 레몬, 연어, 참새우, 멧돼지 고기까지 전부 구할 수 있다는 사실은, 보통 장바구니 하나에 든 식

그림 2 앞으로 자주 보게 될 온실가스 파이. 우리가 기후에 영향을 끼치는 행동들.

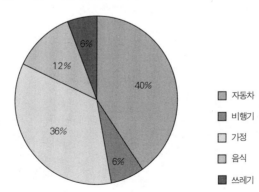

자동차
비행기
가정
음식
쓰레기

품들이 모두 합쳐 평균 24만 킬로미터를 이동했다는 것을 뜻한다. 그 때문에 식량 소비가 기후변화의 주범에 끼는 것이다. 여기다 소들이 내뿜는 메탄, 화학 비료에 전 농지에서 배출되는 아산화질소를 합하면, 식량이 기후변화에 끼치는 영향은 10~20퍼센트가 된다.

쓰레기가 개인의 온실가스 배출량에서 차지하는 비율은 5~10퍼센트 정도다. 이는 주로 음식물 쓰레기나 신문지 같은 것들이 매립지에 묻혀 강력한 온실가스인 메탄을 뿜어내기 때문이다. 그런가 하면 쓰레기통에 버려지는 샴푸 통이나 음료수 캔, 이쑤시개 같은 것들도 만드는 데 에너지가 많이 들어가기 때문에 오히려 더 많은 온실가스를 배출한다.

우리가 배출하는 온실가스는 그런 것들 때문이다. 우리 대부분은 매년 10~20톤의 이산화탄소, 메탄, 아산화질소를 배출한다. 비행기를 타고 수시로 세계를 돌아다니는 제트족이나 SUV를 모는 사람의 경우 배출량은 훨씬 더 많아진다. 과연 우리는 이 정도의 배출량을 크게 줄일 수 있을까? 60퍼센트 정도를 줄일 수 있을까? 너무 희생이 클까? 전기 자동차가 답일까? 재활용만 잘한다고 될까? 지금부터 하나씩 알아보자.

2

행복은 자전거를 타고 온다

카본 가족의 경우와 마찬가지로 자동차와 비행기를 이용하는 것이 대부분 사람들의 온실가스 배출 예산에서 최상위를 차지하며, 그 때문에 무언가를 정말로 바꿔 보겠다는 사람에게는 가장 큰 기회를 제공해 준다. 안타깝게도 우리의 생활방식이 워낙 자동차와 비행기 위주로 이루어져 있기 때문에 습관을 바꾼다는 것은 정상적인 삶에서 크게 벗어나 그야말로 남들은 잘 가지 않는 길을 가는 것을 뜻한다. 여러분이 사는 곳에서 가까운 쇼핑몰로 가는 길을 한번 짚어 보자. 인도가 없다. 그러니 걸어가고 싶어도 큰 차에 깔리는 위험을 감수하지 않는 한 걸어갈 도리가 없다. 자전거의 경우도 마찬가지다. 도로에서 자전거를 타는 것은 자살 행위에 가까운 경우가 허다하다(〈그림 3〉 참조). 대단히 운 좋은 경우가 아닌 한(또는 스웨덴에 살지 않는 한) 여러

그림 3 아슬아슬 자전거 도로

분이 사는 지역에 자전거 도로는 몇 킬로미터밖에 되지 않을 것
이다. 그나마도 깨진 유리조각, 주차된 자동차, 움푹 팬 구멍 같
은 것들이 널려 있을 것이다. 동네도, 도시도, 가게도, 사무실
도, 심지어 집도 날이 갈수록 바퀴 넷 달린 요상한 물건의 필요
에 맞추어 설계되고 있다. 때문에 기후변화의 피해를 덜 입히면
서 나다닐 방법은 갈수록 줄어들고 있다.

　우리는 정치인들이 대중교통을 이용하고 속도를 줄이고 작
은 차를 타라고 부탁하는 소리를 하도 많이 들어서 그런 소리에
는 거의 귀머거리가 되어 버렸다. 교통으로 인한 기후변화의 영
향은 여름에 자동차 에어컨을 쉬지 않고 틀어 두는 형태를 띠게

되었다. 보닛 아래에서 윙윙 거리며 돌아가는 냉방 장치를 거부하여 차창을 열고 운전을 하는 사람들은 최근 들어 여름이 더욱 더워졌다는 걸 확실히 느낄 것이다. 그런데 기온이 높아진 것은 운전에 끼치는 여러 영향 중 시작에 불과하다.

  폭우가 쏟아지는 가운데 운전대를 꽉 붙들고 달리다 보면 앞에 가는 트럭이 일으키는 물벼락 — 그보다 더한 것도 많다 — 때문에 시야가 더욱 흐려지곤 한다. 마찬가지로 날씨와 관련된 사고나 "도로 침수" 표지판을 보게 되는 경우도 흔하다. 게다가 기후변화는 도로 표면 자체를 손상시킨다. 쓰러진 나무 때문에 길이 막혀 차에 갇히는가 하면, 여름에는 도로면이 녹아 버리고 겨울에는 길이 갈라져 버려서 주저앉거나 부스러진 도로를 정비하는 바람에 길이 막히는 경우도 허다하다. 차를 몰고 다니는 게 효율적이고 안전하고 빠른 방법이라고 생각한다면 나쁜 소식이다. 석유가 고갈되어 가면서 석유 값이 올라간다. 온갖 수리 비용 때문에 도로세가 올라가고, 사고가 늘어난 만큼 보험료가 올라간다. 정부가 아주 용감하지 않으면 운전자들은 온실가스 배출에 대한 세금을 점점 더 많이 내야 한다.

자동차 중독에서 벗어나기

  교통으로 인한 배출량을 줄이기 위해 정부 차원의, 위로부터의 행동에 의존한다면 너무 오래 기다려야 한다. 과연 사적인 교통수단 — 주로 자동차 — 은 세계적으로 온실가스의 주범인 게 분명하다. 그런가 하면 우리의 운전 중독을 제어하려는 노력은 정치적으로 뜨거운 감자가 되었다. 미국에는 운전할 사람보다 자동차가 더 많다. 가구당 평균 1.8명의 운전자가 있는데, 개인 승용차는 1.9대다. 미국에만 2억 대가 넘는 자가용이 있다. 한 줄로 세우면 지구를 스무 바퀴나 돌고도 남을 정도다. 그 가운데 5분의 1은 SUV고, 다른 5분의 1은 트럭이다. 그만큼 엔진도 크고 온실가스 배출량도 많다. 미국의 자동차는 평균적으로 1갤런당 32킬로미터 정도 — 최악의 사륜구동 자동차의 경우 6.5킬로미터밖에 못 간다 — 를 갈 수 있다. 다 합치면 미국에서만 매년 20억 톤의 온실가스가 배출되는 것이다. 이는 미국보다 인구가 네 배나 많은 중국만 제외하고 다른 어느 나라보다 많은 양이다. 미국인 한 사람은 하루 평균 네 번 자동차를 이용하며, 65킬로미터의 거리를 이동한다. 이렇게 해서 전국의 운전자가 이동하는 거리는 매일 175억 킬로미터가 된다.

이런 경향을 전 세계가 모방하고 있다. 나무가 우거진 영국의 좁은 길들은 이제 날렵하게 생긴 "소형" 승용차보다는 사륜구동과 다인승 자동차의 차지가 되어 버렸다. 전에는 르노나 시트로앵에서 만든 소형차의 경적이 요란하던 파리의 복잡한 거리는 텍사스의 고속도로에서 흔히 볼 수 있는 덩치 큰 사륜구동 자동차들이 떼를 지어 다닌다. 잠자던 아시아의 온실가스 거인은 이제 대중적인 자가용 소유와 미국식 생활방식에 눈을 뜨고 있다. 이게 큰 문제다. 인도의 인구 10억, 중국의 인구 13억, 그들이 전부 차를 가진다면 어떻게 될까?

자동차가 지구 환경에 얼마나 나쁜지 이야기하면 대부분의 운전자들은 대중교통 수단이 열악하거나 아예 없다는 반응을 보이거나 혹은 정부가 먼저 쓸 만한 대안을 제시해야 한다고 할 것이다. 그러나 정치인들이 기후변화 전반에 대한 결정적인 행동을 할 때까지 앉아서 기다리기에는 문제가 너무 급한 것과 마찬가지로, 반짝반짝하는 버스 정류장을 새로 세우고 30분마다 사무실까지 가는 믿을 만한 교통 서비스를 제공할 때까지 기다리기에도 사태가 너무 심각하다. 그렇다면 어떻게 해야 할까?

나는 당장 자가용 이용자들의 파괴적이고 낭비적인 방식을 비난하고 싶다. 화석 연료를 사용하지 않는 사회를 만들자며, 그런 세상이 되면 우리 아이들이 더 건강하고 안전할 것이며, 몸에 온갖 안전 장구를 착용할 필요 없이 일터까지 자전거를 타고 다닐 수 있을 것이라고 말하고 싶다. 수치 — 우리가 배출하고 있는 온실가스의 양과 예상되는 결과 — 를 보면 이런 과격한 방법을 쓰지 않을 수가 없다. 하지만 현실을 직시해야 한다. 내가 여기서 여러분에게 운전 같은 건 하지 마라, 비행기를 타지 마라, 외국으로 휴가를 가는 것 따위는 말할 것도 없다는 소리나 지껄인다면, 여러분은 그렇게 되면 어떻게 살겠냐면서 이 책을 침대 옆으로 던져 버리고 "잠자리에서 배우는 외국어" 같은 책을 꺼낼 것이다.

중독이 되어 버린 습관의 경우와 마찬가지로 온실가스 배출을 줄이는 것도 자각과 의지력이 필요하다. 여러분이 애연가라고 가정하고, 계속해서 담배를 피우면 일찍 죽을지도 모른다는 사실을 알기 때문에 담배를 끊고 싶다고 하자. 하루에 스무 개비를 피우던 사람이 하룻밤 사이에 담배를 뚝 끊었다고 하면, 남들이 잘 믿지도 않고 실제로 장기적으로 성공하기도 어렵다. 그보다는 조금씩 줄여 나가거나 껌을 씹는다거나 금연 패치를 붙인다거나 술집에 가지 않는다거나 하면서 점점 변화를 주는 게 좋다. 그러다 보면 어느 날 아침에 일어나 제일 먼저 생각나는 게 담배가 아닌 다른 것이 되면서 자기도 할 수 있다고 생각하는 단계에 도달하게 되는 것이다.

어떤 라이프스타일의 변화는 너무 간단해서 아무 상관이 없는 것 같지만 실은 나름대로 의미가 있다. 금연 패치 같은 최초의 출발이 그런 경우다. 지금 우리는 대중교통이 매우 제한되어 있는 자가용 일변도의 문화에 살고 있다. 우리 대부분이 단번에 승용차 없이 산다는 것은 대단히 어려운 일이며, 단번에 담배를 끊었다는 애연가의 경우처럼 하룻밤에 승용차 중독을 끊어 버릴 수 있다고 믿는 것은 환상이다. 아이 셋을 키우느라 시달리는 엄마에게 폭우가 쏟아지는 와중에 버스 정류장에서 30분 거리나 떨어진 집까지 아이들을 데리고 쇼핑백 여러 개를 든 채 걸어가는 게 좋다고, 그래야 지구를 위해 자기 몫을 하는 거라고 말해 보라.

기후변화를 제어하고 교통 혼잡을 줄이려면 믿을 만하고, 감당할 만하고, 이용할 만한 대중교통이 반드시 필요하다. 그러나 미국의 경우 하루 전체 이동 거리 수십억 킬로미터 중 대중교통이 차지하는 몫은 1퍼센트밖에 되지 않는다. 캐나다나 영국이나 오스트레일리아의 경우도 사정은 마찬가지여서 대중교통은 부실해지고 자가용 이용은 늘어나고 있다.

버스 노선이나 철도 노선 하나가 끊어질 때마다 자가용 없이는 직장이나 가게나 학교에 가기가 더욱 힘들어진다. 우리는 지금 바쁜 세상에 살고 있다. 버스 정류장까지 터덜터덜 걸어가는 것이 자가용을 이용할 수 있다는 편리함을 물리치기는 힘든 일이다. 더군다나 정류장의 비가림막이 바람에 찢겨 있고, 20분 동안 기다리면서 최신식 바이에른자동차회사(BMW)의 광고 포스터를 보고 있어야 하거나 수상한 남자의 귀찮은 시선을 피해야 한다면 더욱 그렇다. 결국 문명의 이기를 덜 누리던 대중교통 이용자는 이에 굴복하여 승용차를 사게 된다. 그래서 버스 회사나 철도 회사는 승객과 운임을 더욱 잃게 되어 서비스를 유지하기가 더 힘들어지고, 결국 노선을 줄이게 된다. 대중교통 서비스가 갈수록 줄어만 가는 이 악순환 끝에, 결국 거의 버려진 정류장들이 드문드문 흩어져 있는 노선만 남거나 가끔씩 콩나물시루 같은 버스나 기차만 다니는 대신, 도로는 온통 빵빵거리는 자동차로 붐비게 되는 것이다.

이런 악순환의 고리를 깨려면 위로부터의(정부의) 행동과 아래로부터의(우리의) 행동이 모두 필요하다. 정부는 대중교통에 보조금을 지급하여 우리가 원할 때 원하는 곳에 갈 수 있도록 훌륭한 교통망을 만들어 주어야 하고, 여러분과 나는 그것을 이용해야 한다. 엄마한테 차를 태워 달라고 하는 대신 스쿨버스를 이용하기로 한 조지의 결정은 지구온난화에 미치는 자기 몫의 영향을 대폭 줄여 주었다. 우리도 마찬가지다. 다행히 여러분에게 아직도 이용할 만한 버스나 기차나 전차 노선이 있다면 매년 온실가스 배출량을 몇 톤은 줄일 수 있다. 어떤 서비스를 이용하느냐에 따라 줄어드는 양은 달라지겠지만, 어쨌든 대중교통을 이용할 수 있다면 그렇게 하자.

매일 통근하는 거리가 30킬로미터 정도 된다고 하자. 반짝반짝하는 승용차는 쌩쌩하고, 아바의 히트곡 모음집이 시디플레이어에 걸려 있고, 비가 올 것 같다. 운전하고 싶은 마음이 굴뚝 같다. 하지만 도로 사정이 끔찍하고, 주차 사정은 지옥 같고, 기차역까지는 걸어서 5분이면 된다. 이럴 때 자가용을 타지 않고 우산을 들고 걸어가서 기차를 타면 매일 온실가스 배출을 7킬로그램 줄일 수 있다. 이렇게 1년 동안 꾸준히 하면 자그마치 온실가스 1.5톤이 대기 중에 방출되는 것을 막을 수 있고, 훌륭한 철도 서비스가 유지되는 데 도움을 줄 수 있고, 심지어 아바를 들어야만 하는 귀찮은 습관을 버릴 수도 있다.

이러한 변화의 파장은 상당하다. 2003년에 런던 시는 중심지로 차를 몰고 들어오는 사람들에게 혼잡 통행료를 징수하면서 대중교통 이용을 권장했다. 덕분에 29,000명이나 되는 사람들이 승용차 이용을 중단하고 대중교통, 특히 더욱 충실해진 버스 노선을 이용하게 되었다. 혼잡 통행료 징수 지역의 교통 관련 온실가스 배출량이 20퍼센트 줄어들면서 런던은 더 살기 좋은 곳이 되었고, 다른 여러 도시들은 전능해 보이기만 하던 자동차와 싸워서 이길 수도 있다는 사실을 깨닫게 되었다.

온실가스 배출을 줄이려는 우리의 노력을 도와주기 위해 당국이 할 수 있는 방법은 혼잡 통행료 부과 말고도 얼마든지 있다. 가령 새 건물을 짓는 곳에 보행로를 만들도록 한다거나 동네나 시내에 자전거 도로를 만들어 줄 수도 있다. 새로 들어설 대형 빌딩의 40제곱킬로미터나 되는 주차장에 약간의 녹지를 만들어 "덜 삭막해" 보이려고 애쓰기보다는 대중교통 이용 안내판을 많이 만드는 게 낫다.

기름 먹는 하마

기차가 비싸고 느린 한, 버스가 자주 안 오고 불편한 한, 우리는 계속해서 열쇠를 집어 들고 모든 게 완비된 자가 교통수단에 시동을 켠 다음 아바의 〈댄싱 퀸〉에 빠져들 것이다. 이제 강경한 환경 운동가들이 승용차를 이용하는 것 자체에 혐오감을 갖는 게 마땅한 때가 임박했지만, 지금 당장은 우리 가운데 상당수는 적어도 대안이 끔찍하다는 이유로 승용차 이용을 옹호할 수 있다.

그래서 우선은 자신의 네 발 달린 누에고치를 계속 이용하려고 한다. 자가용 안에서는 자기가 바라는 음악과 완벽한 온도를 선택할 수 있고, 자기만이 순환시킨 공기를 마실 수도 있다. 좋다. 하지만 그런 것들을 굳이 탱크를 움직일 수 있을 만큼 큰 엔진이 달리고 매년 여러분이 출근하는 대형 빌딩을 가득 채울 만큼 온실가스를 많이 내뿜는 승용차에서만 할 수 있는 것은 아니다. 미국의 경우 갤런당 평균 32킬로미터 정도인 연비를 두 배 수준으로 높이는 게 가능한데, 그럴 경우 매년 배출량이 5억 톤이나 줄어든다. 이는 자동차 수를 줄이거나 운전자의 편의를 무시하지 않고도 가능하다. 어디를 가나 주차 공간을 두 배로 차지할 필요도 없고, 사다리 없이 차에 올라타는 불편을 감수할 필요가 없는 게 싫지 않다면 말이다.

존 카본이 지금 그런 단계에 와 있다. 그에게 사륜구동 자동차는 자부심이자 기쁨이다. 아니, 기쁨이었다고 해야겠다. 그의 차는 거의 연봉과 맞먹고 온갖 추가 옵션이 다 달려 있다. 하지만 근래에 들어서는 일요일마다 세차를 하고, 크롬 도금된 부분에 광을 내고, 일터로 몰고 다니는 즐거움이 시들해지기 시작했다. 기후변화에 대한 염려가 커졌기 때문이다. 이제 그는 자동차의 온도 조절 버튼에 손이 갈 때마다 몸을 뒤흔들며 라디오

볼륨을 높인다. 존에게 지위와 권력의 상징이던 자동차는 이제 무지와 이기심의 상징으로 바뀌어 가고 있다.

여러 해 동안 그는 직장 사람들이 모인 자리에서 제일 먼저 자동차 이야기를 꺼내고 기름 값을 불평하는 축이었다. 얼마 전에 지금의 차를 사기까지 몇 달 동안 그는 여러 유형의 엔진 크기나 최고 속도, 도색에 대한 전문가가 되었고, 새 차의 높은 자리에 앉아 시동을 걸 때의 우렁찬 엔진 소리를 느끼고 라디오에서 나오는 에릭 클랩튼의 노래를 듣는 상상을 수없이 했다. 운전을 할 때마다 나름의 장점을 가진 다른 모델들을 특별히 눈여겨보기도 했다. 그런데 이제는 똑같은 차가 갈수록 우스꽝스러워 보이는 것이다. 오늘 아침에도 존은 라디오에서 남부 해안에 또 홍수가 나서 큰 피해를 입었다는 소식을 들으며 자기 앞에 있는 거대한 사륜구동 자동차를 몹시 비난했다. 그가 떳떳해지는 유일한 순간은 요즘 갈수록 늘어나는 군용 수송 차량을 개조한 사륜구동 자동차가 엄청난 가스를 내뿜으며 돌아다니는 꼴을 볼 때다.

존 카본은 전에는 주유소에 가는 게 좋았다. 기름을 채워 넣고 값을 치를 때면 속이 좀 쓰렸지만 차에 다시 올라탈 때의 기분은 언제나 유쾌했다. 이제 그는 기름 넣기가 싫어졌다. 자기 차가 잡아먹는 기름의 양이 워낙 엄청나서 당황스러운 것이다. 계기판 바늘이 다시 올라가기까지 너무 오래 걸려서 자기보다 늦게 온 작은 차들이 주차를 하고 기름을 넣고 주유소를 떠날 때까지 그는 계속 기름을 넣고 있어야 했다.

자신의 SUV에 더 정이 떨어진 것은 어느 날 헨리가 학교에 다녀온 뒤 아빠는 왜 그렇게 큰 차를 혼자만 타고 다니냐고 물어보면서였다. 존은 할 말이 없었다. 그보다 몇 달 전에 그는 지역의 카풀 운동에 동참하여 빈자리 몇 개라도 채우고 다닐 생각을 했다. 동네에는 그의 회사 근처로 출근을 하는 사람들이 몇 명 있었는데, 그들과 함께 차를 타고 다니는 게 별로 내키는 일은 아니었다. 그 사람들은 에릭 클랩튼을 좋아하지 않을 수도 있고, 늦게 올 수도 있고, 기름 값을 제대로 내지 않을 수도 있고, 까다로운 성격일 수도 있었다. 그래서 결국 그는 생각을 접어 버렸다. 하지만 이제는 매일 양심의 가책이 더 심해져서 결단을 내릴 때가 된 것이다. 카풀에 동참하거나 기름을 너무 많이 잡아먹는 덩치 큰 차를 처분해야 한다. 후자가 더 마음에 끌렸다. 차에 대해 더 연구하고 쇼핑하는 재미가 있으니까.

케이트를 설득하는 일은 의외로 쉬웠다. 온실가스 배출은 논외로 하더라도, 그녀는 전부터 그의 사륜구동 자동차가 너무 흉측하고 유지비도 비싸고 보행자한테도 위험하다고 생각했었다. 그러다 존이 연비가 가장 중요하다고 하자 그녀는 상당한 관심을 보였다. 두 사람은 함께 인터넷에서 정보를 알아보았다. 그러다 SUV가 기후에 얼마나 나쁜 영향을 끼치는지 알게 되면서 충격을 받았다. 일반 승용차에 비해 사륜구동 자동차는 킬로미터당 온실가스 배출이 두 배나 많다. 그들이 본 승용차는 SUV

못지않게 편리한 기능을 다 갖추고 있다. 게다가 두 가지 연료를 넣을 수 있는 유형이어서 존 카본은 연료비를 4분의 3이나 줄일 수 있다. SUV여 안녕!

새 차를 타고 출근을 하는 첫 날, 존 카본은 더없이 유쾌해졌고 흥분했다. 그의 주변에는 온통 석유를 낭비하는 괴물 같은 큰 차들뿐인 것 같았다. 거기에는 온도 조절 장치를 가동해 놓고 혼자서만 타고 다니는 무지한 바보들이 있었다. 더구나 직장에서 승용차 함께 타기 운동에 서명을 하고 나니 하루 종일 우쭐해져서 웃고 다녔다. 주유소에 가서는 차가 바뀐 것을 보고 의아해 하는 시선을 느끼며 얼마 되지 않는 기름 값을 당당하게 치렀다.

이렇게 작은 차로 바꾸면 존이 한 해에 배출하는 온실가스의 양은 6톤이나 줄어들 것이다. 이는 그가 교통과 관련하여 기후에 주는 부담의 절반 이상에 해당한다.

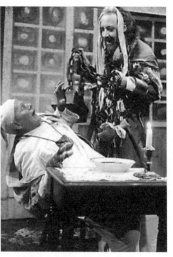

그림 4 제이콥 말리와 스크루지가 엔진 크기에 대해 이야기하고 있다.

라이프스타일을 많이 바꾸지 않고도 이렇게 큰 변화를 일으킬 수 있는데도 미국의 교통 관련 배출량은 2020년이면 50퍼센트나 늘어날 전망이다.

이는 미국 전체 배출량의 3분의 1에 해당할 것이다(지금도 이미 4분의 1을 차지하고 있다). 기후변화에 맞서 달리 아무것도 하지 않고 있다면, 그런 일들이 너무 버겁고 불편하게 느껴진다면, 지금보다 엔진 배기량이 적은 차로 바꾸는 일만이라도 하자. 찰스 디킨스의 스크루지 영감 이야기(『크리스마스 캐럴』)에 나오는 유령 제이콥 말리는 목에 돈 통을 매달고 다닌다. 배기량 4천cc의 엔진을 달고 다니면 어떻게 되겠는가?

대안 자동차들

자동차와 관련한 온실가스 배출을 줄일 수 있는 방법은 그 밖에도 많다. 먼저 휘발유를 대체할 수 있는 연료들이 갈수록 많아지고 있다. 대체 연료로 큰돈을 벌 수 있고, 석유는 날로 고갈되어 가고 있어 남은 것을 쓰기가 민망스러울 정도다. 내가 사는 동네의 주유소에는 주유기 하나에 세 종류의 주유 펌프가 달려 있다. 녹색은 납이 없는 무연 휘발유, 빨간색은 그보다 질이 떨어지는 유연 휘발유, 검은색은 냄새가 독하고 시커먼 디젤이다. 기후변화에 민감한 운전자라면 디젤을 맨 마지막에 선택하리라고 생각할 것이다.

디젤 1리터에서 나오는 온실가스는 휘발유 1리터에서 나오는 것보다 반 킬로그램 정도 많다(각각 2.7킬로와 2.3킬로다). 하지만 요즘 나오는 디젤 엔진은 같은 크기의 휘발유 엔진에 비해 3분의 1 정도 효율이 높으며, 디젤은 휘발유에 비해 리터당 에너지가 12퍼센트 정도 많다. 그래서 디젤차는 휘발유 자동차보다 50퍼센트 가량 먼 거리를 달릴 수 있다. 전체적으로 따져 보면 요즘에 나오는 디젤차는 휘발유 자동차에 비해 5~10퍼센트 정도 적게 온실가스를 배출한다. 게다가 새로운 매연 여과 장치, 저유황 연료, 촉매 변화 장치가 만들어짐에 따라 디젤 자동차는 기후변화에 민감한 운전자가 선택할 만한 것이 되어 가고 있다.

주유소 이야기로 다시 돌아가 보자. 주유소에는 공기 펌프 및 물 펌프, 신문 가판대, 즉석 바비큐 말고도 이중 연료 펌프라는 이상한 물건이 있을 수 있다. 이중 연료는 대개 압축천연가스(CNG)나 액화석유가스(LPG)를 주로 하고 휘발유를 보조로 하는 연료 공급 방식을 말한다. 이는 일반적인 무연 휘발유보다 훨씬 싸며 — 대개 절반 가격이다 — 킬로미터당 온실가스 배출도 20퍼센트 정도 적다. 대부분의 차는 이중 연료 방식으로 갈 수 있도록 개조할 수 있다. 추가로 달아야 하는 연료 탱크는 보조 타이어 정도의 자리를 차지할 뿐이며, 그 비용은 몇 년간 절감한 연료비로 충당할 수 있다.

나는 배기량 800cc의 경차를 몬다. 이 차는 다음 생에 엔진을 목에 걸고 다니게 되더라도 크기가 훨씬 작아서 다행이다. 처음에는 표준 휘발유 엔진이 있고 브레이크를 밟을 때 발생하는 전기 모터가 보조적인 역할을 하는 새로 나온 하이브리드 자동차를 몹시 갖고 싶었다. 휘발유 엔진은 길이 막히지 않는 도로를 한참 달릴 때 가동하면 효율이 높아지고, 전기 모터는 브레이크를 밟을 때나 신호 대기로 정지해 있을 때나 출발해서 속도를 높일 때 쓰면 도움이 된다. 이런 차는 비슷한 크기의 휘발유 자동차보다 온실가스를 30~40퍼센트 적게 배출한다. 하지만 아직은 비싸기 때문에 비정규직 학자인 나의 급여로는 엄두를 낼 수 없다. 경차든 하이브리드 자동차든 온실가스를 줄일 수는 있지만 모두 어느 정도는 화석 연료 연소에 의지하고 있기 때문에 완전히 기후변화와 무관하다고 할 수는 없다.

전기 자동차는 나온 지가 꽤 되었고, 하이브리드 자동차 등에 비해 배출량 절감 능력이 훨씬 뛰어나다. 하지만 전기 자동차를 움직이는 전기는 그냥 생기는 게 아니다. 전기가 풍력이나 수력 같은 재생 가능 에너지원에 의해 만들어진 것이라면 화석 연료에 기반을 둔 대체 기술에 비해 배출량이 훨씬 더 적을 수 있다. 그러나 대부분의 전기는 화석 연료를 이용해 얻어지는 것이므로, 매일 밤 자동차에 충전을 해서 탄다는 것은 배기관으로 나올 배기가스를 석탄을 때는 화력발전소에 떠넘기는 것이나 마찬가지다.

전기로만 달리는 차는 좀 느리기도 하다. 나는 내 차가 제트기처럼 가속되거나 음속을 돌파할 만큼 빠르게 달리는 데는 전혀 관심이 없다. 하지만 시간도 늦었고, 딸아이는 차창에 입김

을 불어 그림을 그리는 것도 싫증이나 한바탕 울어 젖히기로 했
다고 하자. 최고 시속 60킬로미터는 몹시 답답할 수 있다. 아직
은 거리도 제약이 많다. 대부분의 모델이 60킬로미터마다 한
번씩 충전을 해야 한다. 석유 매장량이 곤두박질치면서 석유 값
이 치솟으면 전기 자동차로 바꾸는 사람들이 점점 늘어날 것이
다. 성능이 향상될 것이고, 가까운 곳을 다니는 데에는 아주 유
용한 수단이 될 것이다. 그렇다 해도 배터리 충전의 원천이 성
공의 열쇠가 될 것이다.

　환경 친화적으로 차를 몰 수 있도록 해 줄 가능성이 있으며
증가 추세에 있는 또 하나의 방법은 흔히 오해를 받는 바이오
연료다. 신문에는 다음과 같은 기사가 종종 실린다. "수탉처럼
자신 있게: 뉴사우스웨일스 농부, 닭똥 메탄으로 가는 트럭 개
조", "튀김 기름 연료: 튀김집 주인, 튀김 기름으로 자동차 주
유", "녹색과 취객: 텍사스의 술 취한 옥수수 농부, 집에서 만든
밀주 연료 장담".

　바이오 연료는 옥수수 같은 작물을 알코올(에탄올)로 만든
것이거나 똥에서 나오는 메탄이나 튀김집에서 쓴 기름 같은 부
산물을 말한다. 이론상으로는 연료 작물을 더 많이 기르면 그런
연료를 태울 때 나오는 이산화탄소를 작물이 다 흡수하기 때문
에 온실가스 배출이 제로가 된다는 것이다.

　그러나 실제로는 혜택만 있는 게 아니다. 바이오 연료로 쓸
작물을 기르는 것 자체가 상당한 배출을 유발할 수 있다. 예컨

대 질소 비료는— 작물 대신에 땅속의 박테리아가 질소를 이용해 버릴 경우— 상당한 양의 강력한 온실가스(아산화질소)를 배출할 수 있다.

대부분의 바이오 연료 작물은 재배, 수송, 가공의 과정에서 배출되는 온실가스를 전부 고려해도 휘발유에 비해 20~30퍼센트의 절감 효과가 있기 때문에 기후변화를 유발하지 않는 것은 아니어도 대단히 효과적인 것은 사실이다. 다른 과정의 부산물로 바이오 연료를 만들 경우 절감 효과는 더욱 높아진다. 제지 공장에서 나오는 폐지를 발효하여 얻는 에탄올— 셀룰로오스 바이오매스— 은 온실가스를 전혀 배출하지 않는다.

주유소에서 파는 바이오 연료— 대개 에탄올(E85)과 메탄올(M85)과 휘발유를 섞은 것— 도 증가 추세에 있다. 미국에는 이런 혼합 연료로 갈 수 있는 차가 이미 200만 대 넘게 다니고 있다. 사탕수수에서 뽑은 에탄올이 풍부한 브라질의 경우 알코올 연료로 가는 자동차의 판매량이 매년 25만 대를 넘어섰다. 실험실과 사람들의 뒤뜰에서 더 많은 연구가 이루어지면 바이오 연료는 더 나아질 것이다. 생선튀김 기름이 최선의 답은 아닐지라도, 자동차에 부적합한 것으로 여겨져 오던 알코올 혼합물은 환경 친화적인 자동차에 대대적으로 이용될 날이 올 것이다.

수소는 자동차가 유발하는 기후변화에 대한 해결책으로 크게 선전되어 왔다. 수소는 연료로 사용되어도 물만 나올 뿐 해로운 것을 전혀 내뿜지 않는다. 그런데 안타깝게도 우선 수소는 휘발유 대신에 사용함으로써 줄일 수 있는 것보다 더 많은 화석 연료를 생산 과정에서 태워 버리는 경향이 있다. 따라서 기후변화의 만병통치약이라 할 수는 없다.

미국에서는 이 기술을 향상시키기 위해 십억 달러 이상을 투자하고 있다. 석유 공급의 불확실성에 대비하여 자동차 위주의 라이프스타일을 유지할 수 있는 하나의 방안으로 보기 때문이다. 연구의 초점은 수소 연료 전지 — 자동차에 장착하여 수소를 전기로 변환해 주는 장치 — 를 향상시키는 것이다. 이는 미국의 도로 하나를 소위 "프리덤카"로 메운다는 구상 아래 진행되는 것이다. 그런데 앞으로 15년 동안은 공격적으로 연구 개발을 해도 기후에 끼치는 혜택이 이미 이용할 수 있는 하이브리드 자동차보다 나을 게 없다고 한다.

마지막으로 태양열이 더 각광을 받을 날이 올 수도 있다. 태양열은 기존의 엔진을 보조하는 역할을 하거나 기후가 허락한다면 온실가스를 전혀 배출하지 않는 연료가 될 수 있다. "세계 태양열 자동차 경주World Solar Challenge" 같은 대회를 보면 태양열의 잠재력은 확실하다. 이 대회는 세계 각국의 태양열 자동차 팀들이 모여 오스트레일리아의 북쪽 끝에 있는 도시 다윈에서부터 남쪽 끝 아들레이드까지 누가 가장 빨리 가느냐(나흘 정도를 목표로 잡는다)를 겨루는 시합이다. 나흘 동안 햇빛만을 에너지원으로 삼아 3천 킬로미터를 달린다는 것은 대단한 일이다. 하지만 오스트레일리아는 다른 곳에 비해 햇빛이 아주 좋고, 밤이면 차가 가지 못한다는 문제가 있다.

태양열 에너지의 역할은 더 간접적인 것이 될 수도 있다. 태양열은 프리덤카에 필요한 수소 연료를 제공하는 데 이용될 수도 있고, 온실가스 배출을 줄이기 위해 그 비슷한 연료 전지 기술을 만들어 내는 데도 이용될 수 있다.

앞으로 몇 년 뒤에 주유소에 어떤 것들이 실제로 판매될지를 상상하니 흥미로워진다. 지금의 빨강·녹색·검정 주유 펌프 옆에 바이오 연료 에탄올 펌프도 자리를 차지할까? 닭똥에서 나오는 메탄으로 만든 연료 펌프가 흔해질지도 모른다. 노란 닭 로고가 붙어 있고, 1세제곱미터를 주유할 때마다 계란을 하나씩 준다는 광고가 붙은.

그런가 하면 이중 연료를 사용하거나 가능한 곳에서는 바이오 연료로 전환함으로써, 교통 수단으로 인한 온실가스 유발의 20~100퍼센트를 줄일 수 있으며, 이들 새 연료의 확산과 발전을 촉진할 수 있다.

운전 습관만 바꿔도 온실가스 배출 50% 절감

운전 습관을 바꾸는 것은 이론상으로 환경 친화적 행동 가운데 가장 쉬운 것 중 하나다. 내가 말하는 운전 습관이란 색안경을 낀다거나 야구 모자를 쓴다거나 룸미러에 방향제 따위를 매다는 것을 말하는 게 아니다. 차를 언제 사용하고, 운전을 어떤 식으로 하느냐를 말하는 것이다. 내 책장에는 개인적 실천법을 소개한 책이 몇 권 있다. 모두 운전 습관을 바꿈으로써 자신의 배출량을 줄일 수 있는 최선의 방법을 말해 주는 책들이다. 책으로 볼 때는 그런 이야기들이 전부 이치에 맞아서 읽을 때마다 고개를 끄덕이며 "좋아, 아주 쉽군. 천천히 차를 몰면 연료도 절약하고 지구도 살린다. 문제없어"라고 생각하게 된다. 그러나 실제로 어떤 차가 내 차 뒤꽁무니에 바싹 붙어서 상향등을 번쩍인다면 그런 좋은 생각도 물거품처럼 사라져 버린다. 수십 년 동안 굳어져 온 운전 습관을 단번에 고치려면 의지력이 엄청나게 강해야 한다. 하지만 기후로 보나 연료비로 보나 여러분 자신과 남들의 안전으로 보나 운전 습관을 고쳐서 얻을 수 있는 혜택은 부인할 수 없이 크다.

으뜸으로 치는 것은 우선 가까운 곳에는 괜히 차를 몰고 다니지 않는 것이다. 카본 씨가 기르는 몰리의 경우처럼, 짧은 거리를 자주 차로 다니는 바람에 유발되는 배출량도 상당하다. 영국에서는 전체 차량 이용의 60퍼센트가 고작 1.5킬로미터에서 3킬로미터 이내의 거리를 이동하기 위한 것이다. 그리고 20퍼센트 정도는 1.5킬로미터 이하인데, 이 정도는 사실 걸어서 15분이면 갈 수 있는 거리다. 좋아하는 과자 한 봉지나 우유 한 병을 사기 위해 가까운 가게에 차를 몰고 다녀오기를 일주일에 두 번만 해도 한 해 온실가스를 3분의 1톤이나 배출한다. 무거운 장바구니를 든 어머니들이 대중교통에 매력을 느끼기는 어렵겠지만, 수제 유기농 버터 한 덩이를 사려고 차를 몰고 나가기보다는 보통 버터를 이용함으로써 자동차 이용을 줄이지 않는다면 우리는 정말 큰 어려움을 겪을 것이다.

막히지 않는 길에서 운전을 할 경우, 온실가스 배출을 줄이려면 속도가 제일 중요하다. 물론 특별히 급한 상황이 아닌 한, 제한 속도보다 보통 시속 10킬로미터 빨리 달리기보다는 기어를 5단으로 놓고 클래식 음악을 켠 다음 제한속도보다 10킬로미터 느린 속도로 느긋하게 가는 게 좋다. 처음에는 좀 이상할 것이다. 옆 차선을 쌩쌩 지나가는 차들 때문에 자기가 굉장히 느리게 가고 있다는 느낌이 들 테니까. 앞으로 일주일 동안 되도록이면 그렇게 해 보자. 급하게 달리는 운전자들에게 미운 존재가 될지 모르지만, 천천히 달린다는 표시를 하면서 운전을 하면 편해질 것이다. 통근 거리 20킬로미터를 매주 다섯 번씩 자동차로 다니는 사람이 그런 식으로 천천히 운전을 하면 절약된 연료로 차를 일주일 더 탈 수 있다. 이런 식으로 1년을 아끼면 휘발유를 두 번 가득 채운 정도와 맞먹고, 온실가스 배출도 4분의 1톤 정도 줄이게 된다.

그 밖에도 상식선에서 배출량 감소에 도움이 되는 것들이 많이 있다. 자동차 에어컨은 연료의 10퍼센트를 잡아먹을 수 있으니 통풍구나 창문을 자주 여는 게 좋다. 타이어 바람을 잘 넣고, 정비를 제대로 받고, 공기 여과기를 자주 청소하고, 기름을 너무 가득 채우지 않는 것과 같은 일은 별 것 아닌 것 같지만 덕분에 연료 사용의 50퍼센트를 줄일 수도 있다. 급가속을 하거나 급제동을 하지 않기만 해도 연료 소비와 온실가스 배출을 많이 줄일 수 있다. 폴짝폴짝 뛰어다니는 토끼처럼 앞차에 바짝 붙어 다니며 운전을 하는 사람들은 아주 조금 더 빨리 가려고 연료를 40퍼센트나 더 많이 소비한다. 앞으로는 옆 차선의 차가 휙 소리를 내며 지나가면 바흐의 음악을 들으면서 그 운전자의 무지를 가엾게 여기자.

미국의 경우 차량 한 대의 평균 탑승자 수는 1.2명이다. 이 때문에 매년 "공석 마일리지"가 10조 마일 정도나 된다고 한다. 자동차 함께 타기를 아주 조금만 늘려도 수천수만 대의 자동차가 도로에 나오지 않아도 될 것이다. 존 카본은 카풀에 동참함으로써 일주일에 두 번은 차를 쓰지 않아도 되고, 매년 온실가스 배출을 반 톤이나 줄일 수 있게 되었다. 그래서 존은 자동차와 관련된 배출량의 15퍼센트를 더 줄일 수 있다.

안타깝게도 정치인들이 자동차 함께 타기 운동을 권장하기 위해 한 적이 있는 과감한 시도는 실망스러운 결과만 낳는 경우가 많았다. 서던캘리포니아의 경우 다인 탑승 차량 전용 차선을 도입한 바 있다. 이 전용 차선을 이용하려면 운전자 이외에 최소한 한 명의 동승자가 있어야 했는데, 이렇게 해서 늘어난 탑승률은 겨우 1.22명에서 1.25명이었다. 동승자가 있으면 전용 차선을 타게 해 준다는 정부의 당근 정책이나 혼자만 타고 다닐 때 과태료를 부과하는 채찍 정책은 운전자들의 속임수 때문에 실패하기 쉽다. 다인 탑승 차량 전용 차선의 경우, 한 여성은 거의 1년 동안 인형을 옆자리에 태우고 다님으로써 경찰을 속였다. 전용 차선 이용 규정 위반으로 기소된 한 장의사는 자기가 태우고 다닌 시신을 승객으로 봐야 한다며 자신을 변호했고, 한 임신부는 뱃속에 든 아기를 "승객"으로 봐야 한다며 비슷한 주장을 했다. 재판에서 장의사는 졌고, 임신부는 이겼다.

진정한 변화를 이루려면 운전 습관을 바꿀 수 있는 숨은 진짜 동기 — 기후변화의 진정 — 를 볼 필요가 있다. 그렇지 않으면 너무 늦어서 우리의 차도, 승객 위장용 인형도, 다른 무언가도 다 홍수에 떠내려가 버릴 것이다. 〈표 1〉은 자동차 사용으로 인한 배출량을 줄일 수 있는 방법 몇 가지를 간단히 비교해 본 것이다.

아예 자동차로 출퇴근을 하지 않는 건 어떨까? 그것은 우리 대부분이 한번은 꿈꾸던 일이다. 집에서 일할 수 있다는 건 참으로 매력 있는 일이다. 특히 여러분이 밤늦게까지 일을 해야 하고, 하루 종일 답답한 사무실에 있으면서 생산성을 올리자는 얘기만 하는 회의에 수시로 참석해야 한다면 더욱 그렇다. 출근하는데 집 앞에서부터 차가 막히고, 전날 마신 술 때문에 정신이 멍하고 혀까지 까칠할 때면 더욱 그렇다. 요즘은 대부분의 일이 상당한 양의 서류 작업과 이메일을 취급하는 것이다. 그래서 한 사람씩 돌아가면서 2주에 하루는 집에서 그런 일을 처리

	배기량 적은 엔진	이중 연료 자동차	하이브리드 자동차	바이오 연료 자동차	올바른 운전 습관
온실가스 절감	최대 (75%)	(20~30%)	(20~40%)	(최대 100%)	(최대 50%)

표 1 자동차로 인한 온실가스 배출량을 줄일 수 있는 방법(4천cc급 자동차 기준)

하는 것이 가능해졌다. 컴퓨터와 인터넷이 발달되어 있어 나머지 사람들이 비번인 사람의 일을 돌아가면서 봐 줄 수도 있다.

　재택근무로 인한 환경적 혜택은 상당히 클 수 있다. 최근에는 갈수록 많은 사람들이 시골에 살면서 도시로 출퇴근을 하는 경우가 늘어나고 있다. 이제 사무직 종사자가 매일 300킬로미터 거리를 왕복하면서 통근하는 일이 흔해졌다. 덕분에 그들은 낮에는 구경도 못하는 큰 집에 살 수 있게 되었다. 미국의 경우 1987년 이후로 통근 거리가 3분의 1이나 늘어났다.

　하루만 출근을 하지 않고 집에서 일해도 온실가스 배출을 상당히 줄일 수 있다. 그러나 여기에는 함정도 있다. 가령 여러분이 회사에서 600킬로미터 떨어진 곳에 있는 — 그러면서 인터넷이 연결되어 있는 — 통나무집에서 일을 하면 생산성도 높아지고 참신한 아이디어도 많이 떠오를 수 있다는 말로 상사를 설득했다고 하자. 그리고 과감히 그곳으로 갔다고 하자. 바람이 조금만 불어도 전기가 나가 버리는 것만 빼 놓고는 별 문제가 없다. 더 이상 꽉 막힌 출퇴근길을 하루 160킬로미터씩 운전할 필요도 없다. 여기까지는 좋다. 그렇다 해도 중요한 회의가 있을 때면 종종 사무실에 나가야 한다. 통나무집에 책상을 놓고 일하는 즐거움 중 제일 큰 것은 잔잔한 호수와 푸른 산뿐만 아니라 그렇게 일하면 얼마나 좋은지를 동료들에게 자랑하는 것이기도 하다.

이렇게 해서 일주일에 한 번 정도는 회사에 나가야 하기 때문에 도시에 있는 아파트를 그대로 두어야 한다. 비행기로 한 번 다녀오는 거리가 1,300킬로미터인데, 이는 전에 차로 출퇴근을 할 때보다 한 주에 500킬로미터나 더 먼 거리다. 게다가 비행기는 온난화를 더 부추기는 교통수단이다. 도시에 별도로 숙소를 유지하자면 그만큼 추가로 가전제품과 가구 등이 필요하며, 그만큼 에너지를 더 많이 낭비해야 한다. 이래서 "환경 친화적"일 줄만 알았던 재택근무 때문에 온실가스 배출은 매주 112킬로그램에서 180킬로그램으로 껑충 뛰게 된다.

또 하나의 함정은 집에서 추가로 쓰는 에너지의 양이다. 이제는 낮에 집에서 일을 하기 때문에 그만큼 에어컨을 틀게 되고, 괜히 텔레비전도 더 보게 된다. 새벽 2시가 되어서도 사람 구경 삼아 주유소에 가서 신문도 사고 기름도 조금 넣기도 한다. 직장과 집에 각각 사무실이 있으니 책상 둘, 컴퓨터 둘, 프린터 둘, 연필꽂이 둘을 만드느라 에너지가 더 필요하다. 게다가 여러분이 출근을 하지 않더라도 회사의 난방, 냉방, 조명에 드는 에너지는 계속 소모될 것이다. 그래서 재택근무는, 힘들더라도 출퇴근을 하는 것보다 온실가스를 더 많이 배출할 수 있다. 해결책은 기후변화를 부추기지 않는 기술을 이용하는 것이다. 예컨대 매주 다섯 번씩 자동차로 출퇴근을 하는 대신 비행기를 한번 타는 방법 말고, 화상회의 같은 기술을 활용하면 어떨까? 그러면 이번엔 비행기 문제로 넘어가 보자.

꼭 비행기를 타야 할까?

이제 비행기 이용은 대부분의 사람들이 배출하는 온실가스의 큰 부분을 차지하고 있다. 항공 여행은 이미 기후에 엄청난 문제를 일으키고 있으며, 값싼 비행편이 갈수록 많아지고 취항지가 늘어나면서 문제는 더욱 심각해지고 있다. 런던과 시드니를 왕복하는 비행기가 승객 한 명당 내뿜는 온실가스는 웬만한 크기의 자동차가 1년 동안 내뿜는 양(4톤 이상)과 맞먹는다. 국제연합은 2050년이면 항공기로 인한 연간 온실가스 배출량이 10억 톤이 넘을 것으로 예상하고 있다. 항공 여행이 온난화에 끼치는 영향이 더욱 큰 것은 대부분의 배출량이 하늘에서 발생한다는 사실 때문이다. 그것은 하늘 높은 곳에서 가장 큰 피해를 줄 수 있다. 비행기는 엄청난 양의 이산화탄소를 내뿜을 뿐만 아니라 소위 질소산화물(NOx가스들)을 대량으로 배출한다. 대류권 높은 곳에서 배출된 이 질소산화물들은 또 하나의 강력한 온실가스인 오존을 합성한다. 때문에 비행기는 이중으로 온

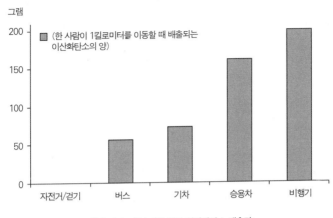

그램

200

150

100

50

0

■ (한 사람이 1킬로미터를 이동할 때 배출되는 이산화탄소의 양)

자전거/걷기　　버스　　기차　　승용차　　비행기

그림 5 여러 교통수단별 평균 이산화탄소 배출량

난화를 부채질한다. 우리가 지구를 찜통으로 만들려고 작정한 것이라면 이보다 나은 방법은 없을 것이다.

　이렇게 막대한 배출량을 고려할 때 항공 여행은 마땅히 기후 변화를 제어하려는 노력의 제지를 받아야 할 것이다. 하지만 전혀 그렇지 않다. 비행기는 국경을 교묘하게 넘나들기 때문에 「교토의정서」 아래서도 국가별 배출량 예산에 포함되지 않는다. 게다가 항공기 연료는 세금이 없으며, 업계는 정부로부터 막대한 보조금을 받는다. 따라서 공항까지 드는 택시비보다 싼 좌석표가 있을 수 있고, 항공 업계는 계속해서 급성장을 거듭할 수 있다. 그리고 비행기 여행이 치르는 환경적 비용의 진실은 가려져 버리는 것이다.

　지구온난화가 심화됨에 따라 비행기 여행을 즐기는 우리의 습성은 온갖 문제에 부딪치게 될 것이다. 여름 날씨가 갈수록 뜨거워짐에 따라 자동차 도로뿐만 아니라 활주로도 피해를 입게 된다. 폭풍우가 더 잦아지고 심해짐에 따라 이륙이 불가능한 경우가 늘어날 것이다. 바람이 그다지 심하지 않거나 활주로가 괜찮다 해도 여름 날씨가 너무 더워지면서 이용객이 줄어 이륙하지 못하게 될 수도 있다. 미국에서 날씨는 이미 항공기 연착 원인의 70퍼센트를 차지하고 있으며, 비행 사고의 4분의 1이 날씨 때문에 일어난다. 그리고 홍수, 폭풍우, 우박으로 인한 피해 때문에 공항 전체가 단번에 폐쇄되는 경우도 잦아지고 있다. 예컨대 폭풍우 때문에 비행편 하나가 항로를 바꾸면 다른 비행편 50개가 연착될 수 있으며, 15만 달러의 비용 손실을 초래할 수 있다. 한 편이 결항되면 약 4만 달러의 비용 손실이 발생한다. 이렇게 비행기가 회항이나 결항을 해서 발생되는 손해가 매년 2억 5천만 달러가 넘는다.

여행의 목적지도 바뀔 것이다. 기존의 여름 휴양지 가운데 상당수는 물 공급에 큰 차질이 생기거나 여름철이 너무 덥거나 각종 질병이 발발하는 등의 어려움을 겪고 있다. 일부 국가의 겨울 휴양지는 겨울철이 결정적으로 짧아지면서 고초를 겪고 있다. 스코틀랜드의 스키 산업은 지난 20년 동안 스키를 탈 수 있는 날이 4분의 1이나 줄어들면서 간신히 명맥을 유지하는 정도가 되었다.

기후변화가 심해지면서 불법 이민도 급증하고 있다. 지구온난화로 인해 예상되는 정치적 불안 때문에 현재 아주 인기가 좋은 휴양지 가운데 일부는 여행이 불가능해질 것이다. 한편 안전에 대한 불안이 커지면서 보안 검색 시간이 늘어날 것이다.

이런 이유들 때문에 기존의 휴양지로 비행기를 타고 가는 것은 점점 매력을 잃을 것이다. 두꺼운 양탄자가 깔린 라운지에서 느끼는 수상쩍은 즐거움도, 익숙한 몸수색도, 바글바글한 비행기 안에서 건강이 의심스러운 바쁜 세일즈맨 옆에 앉는 일도 줄어든다면 기후 안정에 큰 도움이 될 것이다. 장거리 비행의 경우 1킬로미터를 비행할 때마다 1인당 평균 150그램의 온실가스를 배출한다고 한다. 뉴욕에서 런던까지 비행을 하면 승객 1인당 4분의 3톤의 온실가스를 배출한다. 단거리 비행의 경우 비행기와 땀투성이 세일즈맨, 그리고 맛없는 샌드위치를 띄워 올리는 데 연료가 추가로 더 들기 때문에 킬로미터당 배출량이 더 많아진다.

800킬로미터 이하의 거리는 기차나 버스로 이동하면 배출량을 훨씬 더 줄일 수 있다. 암스테르담과 뮌헨을 오가는 왕복 비행편의 경우 1인당 온실가스 배출량이 100킬로그램이 넘는다고 한다. 같은 거리를 기차나 버스로 오가면 배출량이 30킬로그램밖에 되지 않는다.

휴가철 여행이 항공기 이용의 60퍼센트 이상을 차지하기 때문에 자기 나라에서 휴가를 갖는 기쁨을 재발견하게 되면 환경에도 큰 도움이 될 수 있다. 이제 카본 가족의 이야기로 돌아가 보자.

　이들 가족에겐 올 여름이 예년보다 못할 것 같다. 그동안 이 가족은 2주 동안의 아름다운 햇빛과 여유를 즐기기 위해 거의 무조건 멕시코로만 날아갔다. 케이트 카본이 여행사에서 일하기 때문에 항상 비행기 표도 환상적인 가격에 구할 수 있었고, 바다에서 1킬로미터밖에 떨어져 있지 않은 근사한 농가에 묵을 수도 있었다. 그런데 이제 카본 가족은 6년 만에 처음으로 다른 곳을 찾게 되었다. 지난 몇 년 동안 날씨가 견딜 수 없이 더워졌기 때문이다. 밤에도 너무 더워서 자는 것 자체가 무서웠다. 작년에는 휴가 기간 내내 물이 제대로 나오지 않아 샤워 — 존과 케이트의 마지막 희망인 — 조차 제대로 할 수 없었다.

　케이트는 지난 여러 해 동안 자신이 판매하던 멕시코 여름휴가 프로그램이 갈수록 인기가 없어진다는 것을 알았다. 자꾸 불만이 제기되자 여행 브로슈어의 기온 상한선을 그동안 세 번이나 상향 조정해야 했다. 그만큼 최근의 여름 기온이 기록적으로 더워졌던 것이다. 처음에는 회사의 방침이 무더운 날씨는 "예외적인" 현상이라고 알리는 것이었으나 끔찍하게 더운 날씨는 갈수록 흔한 일이 되어 가고 있었다. 그래서 카본 가족은 이번 여름은 멕시코에 가지 않기로 했다. 그 대신에 다른 목적지에 대해 상의해야 했다. 덕분에 엄청나게 논쟁도 하고, 여행 브로슈어도 다시 읽고, 불합리한 주장도 하기 좋은 핑계가 생겼다. 남극(헨리), 아프가니스탄(조지), 중국(존)으로 떠나자는 아이디어가 비용, 위험, 거리 때문에 전부 무산되자 가족은 자신들이 진정으로 바라는 것은 시원하고, 음식이 좋고, 수영을 할 수 있고, 비행기를 타지 않아도 되는 곳이면 좋다는 결론을 내렸다. 사무실에 전화 몇 통을 하고 나서 케이트는 새 휴가지 예약을 마쳤다. 그들은 남쪽에 있는 루이지애나의 틱포에 가기로 했다. 뉴올리언스 바로 북쪽에 있는 이곳의 호숫가 통나무집에 머물면서 수영과 산책, 그리고 존이 원한다면 재즈를 즐길 수 있기 때문이었다.

마침내 휴가 때가 되자 카본 가족은 당장 떠날 준비를 마쳤다. 날씨는 건조하고 뜨거웠으며, 주변이 모두 고운 흙먼지로 덮인 것 같았다. 이번 여름에 일대가 건조한 모래바람의 피해를 입을 수 있다는 뉴스도 있고 해서 카본 가족은 시원한 폰차트레인 호수에 뛰어드는 꿈을 며칠 동안 꾸었다. 늘 그랬듯이 짐을 싸느라 정신이 없었다. 새 휴양지이기 때문에 새로 준비할 게 복잡해서 뭐가 필요한지 아닌지를 놓고 말이 무척 많았다. 케이트가 "만일을 대비해서" 텔레비전을 가져가고 존에게 혼자 뉴올리언스 분위기를 내겠다고 마일스 데이비스 전집을 가져갈 일은 없다고 선을 긋자 준비는 끝났다. 세 번이나 출발을 실패한 끝에(선글라스를 빠뜨리고, 헨리 때문에 화장실에 다시 가고, 말썽 많은 개를 태워 가느라) 카본 가족은 드디어 떠났다.

이렇게 멕시코에서 루이지애나로 휴가 여행지를 바꾸는 바람에 카본 가족은 칸쿤 왕복 비행에 배출되는 온실가스 2톤 대신에 3분의 1톤으로 — 차고처럼 생긴 케이트 카본의 다인승차가 모처럼 가득 찼다 — 휴가를 해결할 수 있게 되었다.

미국에서는 매년 4억 5백 건의 장거리 출장(80킬로미터 이상)이 있는데, 이는 미국내 장거리 여행 전체의 16퍼센트를 차지한다. 400킬로미터 이하의 출장이 대부분 자동차로 진행되는데 비해 800킬로미터 이상의 거리는 대개 비행편을 이용한다.

대부분의 국제 여행에서는 비행기가 거의 유일한 수단인데, 이건 어떻게 할까? 배출에 대한 양심의 가책을 완화시켜 주는 방법이 몇 가지 있었다. 그것은 대개 비행기를 탐으로써 유발되는 배출량을 상쇄시켜 줄 수 있을 만큼 나무를 심는 데 기부하거나 새로운 재생 에너지 개발에 기여하는 방법이다. 전설적인 밴드 롤링스톤스의 경우 2003년 순회공연을 하는 동안 온실가스 배출에 대한 책임의식을 새로운 수준으로 끌어올렸다. 그들은 영국 공연에 참가한 팬 16만 명의 배출량을 상쇄할 수 있을 만큼의 나무를 심을 수 있는 금액을 기부했다. 그들의 팬 한 사람당 13킬로그램의 온실가스를 배출했다고 계산할 경우 엄청난 나무를 — 정확히 2,800그루 — 심어야 했다. 훌륭하기는 하지만 이 록밴드가 지금까지 한 공연 여행을 전부 만회하려면 얼마나 많은 나무를 심어야 할지 상상해 보라. 1997년부터 1999년까지만 해도 500만 명이나 되는 사람들이 유럽 전역에서 열린 147회의 롤링스톤스의 공연에 갔다. 그것만 해도 나무 10만 그루어치다.

비행기 이용이 유발한 배출량을 단순히 나무 심기로 상쇄할 수 있다는 생각은 비현실적이다. 이런 방법이 갖는 가장 큰 가치는 문제를 해결한다는 것보다는 사람들로 하여금 기후에 끼치는 악영향을 생각해 보게 만든다는 것이다. 나무 대신 개발도상국의 재생 에너지 개발 방안에 자금을 대는 방법도 있다. 이렇게 해서 얻는 혜택은 더 투명할 수 있지만 간단한 일이 아니다. 지구온난화를 덜 부추기기 위해서는 비행기를 덜 타거나 아예 타지 않는 게 최선이다.

과학자로서 내가 갖는 "특권" 중 하나는 국제 학술회의에 참석하는 것이다. 이런 모임은 대개 종종 양말에 샌들을 신고, 어떤 학자가 1978년도에 발표를 하다가 슬라이드를 뒤집어 놓고도 눈치를 못 챘다는 유의 농담을 하는 경향이 있는 사람이 압도적으로 많은 자리다. 또한 학자들의 정규 활동의 일부이기도 하다. 원래는 최근에 수행한 연구를 발표하고 화기애애하고도 학구적인 분위기에서 새로운 아이디어를 자극해 보자는 취지로 모이는 것이다. 그런데 실제로는 발표되는 연구가 대개 몇 년은 묵은 것들이거나 이미 출판된 것들이어서, 대부분의 참가자들은 정보를 교환하러 가거나(젊고 활동적이며 대체로 연구 자금에 굶주린 사람들) 오래된 친구들을 만나러 간다(양말에 샌들을 신은 사람들). 때로는 이런 학술회의가 좋은 성과를 거두기도 하고 유익한 대화를 이끌어 내기도 한다. 하지만 그보다는 놀이 삼아 가는 경우가 더 많다. 박봉과 열악한 근무 여건으로 고생하는 연구자들을 위로하기 위해 세금으로 보내 주는 공짜 휴가로 보는 경향이 강한 것이다. 나는 사업차 가는 출장도 이런 국제 학술회의와 닮은 점이 많다고 확신한다. 양말에 샌들을 신는 대신 희한한 심슨 가족 넥타이를, 뒤집힌 슬라이드 대신 누가 실수로 상사의 빵을 먹었다는 이야기를 대입해도 된다. 아무튼 두 부류의 여행 모두 엄청나게 비행기를 많이 타게 만든다.

국제 학술회의와 사업상 하는 회의 때문에 유발되는 온실가스 배출량을 줄이려면 우선 장소를 잘 잡는 게 중요하다. 몇 년 전에 샌프란시스코에서 만 명이 참석하는 어느 학술회의(상당수가 기후변화 연구자였다)를 여느라 배출된 온실가스가 대략 12,000톤이 넘었다. 참석자 한 사람당 평균 8천 킬로미터를 여행한 모임이었다. 모임을 중부 지역인 콜로라도의 덴버 같은 곳에서 열었더라면 배출량이 900톤으로 줄었을 것이다.

장소를 잘 잡는 것 이외에 화상회의에 참석함으로써 배출량을 대폭 줄일 수도 있다. 예컨대 각각 1,600킬로미터를 이동하는 중거리 비행을 한 해에 두 번만 피해도 온실가스 배출 예산 중 1톤을 줄일 수 있다.

국제 학술회의를 화상회의로 진행한 경우는 이미 여러 번 있었다. 최근 미국에서 열린 어느 유전공학 학술회의에서는 참가자들로 하여금 눈이 빨개지도록 비행기를 타고 정이 안 가는 호텔에 묵고 싸구려 공짜 비누를 쓰게 하는 대신 자기 연구실에 앉아 화상회의에 참석하고 집에 가서 저녁을 먹게 함으로써 약

900톤의 온실가스 배출을 줄였다. 작은 섬나라들은 이제 "군소 도서 개발도상국 화상 국제회의"란 것을 열고 있는데, 이는 바다 곳곳에 흩어져 있는 이들 참가국들의 사정을 감안하여 화상 기술을 잘 이용한 사례다(이들의 다음 번 회의의 1부 주제가 뭘까? 바로 기후변화다).

이런 화상회의의 표준적인 방식은 각지의 참가자들이 자기 지역의 회의실에 모여 대형 스크린, 카메라, 마이크, 인터넷을 이용하여 다른 도시, 나라, 대륙에 모여 있는 사람들에게 이야기를 하는 것이다.

대형 스크린에서 발제자가 발표를 하고 있으면 화면 한쪽 작은 창에 그 다음 발제할 그룹들의 모습이 보인다. 이러한 첨단 화상회의 기술 덕분에 필요한 사람들은 회의 내용 전부—모든 정보와 수치—를 내려 받아 나중에도 계속 살펴볼 수 있다. 더군다나 누가 특별히 어려운 질문을 하면 인상을 찌푸릴 수도 있고 마이크에 대고 뭐라고 불평을 할 수도 있다.

실제로 열리는 회의는 항상 개최 장소가 있어야 하는데, 참가자들이 매년 참석차 이동하는 엄청난 거리를 생각할 때, 화상회의를 조금만 이용해도 상당한 양의 온실가스 배출을 막을 수 있다.

결국 우리가 지구온난화에 끼치는 악영향 가운데 가장 큰 부분을 차지하는 것은 교통수단이다. 샌들을 신은 어린 녀석이 모는 SUV에 깔리는 악몽에 시달리느니 자동차가 붐비는 길에서 이탈하는 게 낫다. 이제 가정이 온난화에 어떤 영향을 끼치는지, 그리고 무섭긴 하지만 기후변화가 어떤 식으로 닥칠지 알아볼 때가 되었다.

3

집안에서 새나가는 에너지

여러분이 강가나 해안가, 혹은 저지대에 살고 있다면 이제부터 할 이야기를 외면하고 싶을 것이다. 매년 홍수로 피해를 입는 사람이 5억 명이나 되며 목숨을 잃는 사람만 25,000명이나 된다. 현재 유엔은 10억 명의 사람들이 심각한 홍수를 입을 위험에 처해 있다고 명시한 바 있다. 이 숫자는 지구온난화로 폭풍과 폭우가 더욱 심해짐에 따라 21세기 동안 두 배로 늘어날 것이라고 한다. 앞으로 닥칠 일은 할리우드의 날씨 관련 재난 영화가 아니라 실제로 벌어지고 있는 끔찍한 재앙이 더욱 심해진 모습이다.

우리의 가정이 당면하고 있는 막대한 위협에 대해 감을 잡으려면 주택 보험을 알아보면 된다. 보험회사는 — 잘 차려입고 점잖아 보여서 그렇지 — 본질적으로 도박사다. 그들의 생계는 위험을 제대로 평가하는 데 달려 있다. 예컨대 여러분의 집이 광산의 갱도 속으로 주저앉을지, 애완동물로 기르는 친칠라가 치과 수술을 받을 필요가 있는지를 잘 예측해야 하는 것이다(친칠라는 털실쥐라고도 불리는 애완동물인데, 끝없이 자라는 이빨 때문에 집 기둥을 갉는다—옮긴이). 위험 평가를 정교하게 하기 위해 그들은 정밀한 광산 지도와 실측 조사에서부터 친칠라의 식습관과 수명에 대한 자세한 연구에 이르기까지 온갖 고급 정보를 활용한다.

그렇다면 이 조심스러운 사람들은 기후변화 예측에 어떤 반응을 보였을까? 그들은 많은 사람들의 보험료를 급격히 올리고 있으며, 홍수 위험 지역에 사는 사람들에게는 아예 보험을 들어주지 않는다. 세계 각국의 보험회사들은 이제 기후 전문가를 고용하여 "위험" 평가표를 그리고 보험료를 인상하느라 정신이 없다. 제일 비관적인 회사들의 경우 근사한 항구 지역에 있는 자기네 본부를 해발 고도가 충분히 높은 지역으로 옮기고 있다.

미국에는 이미 주택 천만 채가 홍수 위험 지역에 있으며, 매년 홍수 피해액이 70억 달러가 넘는다. 이번 세기말이면 해수면이 1미터 가까이 높아진다고 하는데, 그렇게 되면 미국 면적의 36,000제곱킬로미터—뉴저지 주의 두 배 면적—가 물에 잠긴다고 한다. 미국 환경보호국에 따르면 그로 인한 피해액이 2,700억 달러에서 4,500억 달러에 이를 것이라고 한다. 이 경우 보험 청구액이 두세 배 오를 것이고, 수천수만 가구가 집을 옮겨야 할 것이다.

　캐나다 동부의 경우 해수면 상승이 더 심각해질 수 있다. 이 지역은 지난 빙하기 이후로 계속해서 침하해 왔기 때문에(일부 지역에서는 10년에 2센티미터 정도) 문제가 더 심각하다. 오스트레일리아의 경우 일부 지역 전체를 옮겨야 할 가능성이 아주 높다. 전체 인구의 80퍼센트가 해안에서 50킬로미터도 떨어져 있지 않은 지역에 살고 있기 때문이다. 영국은 이번 세기에 350만 가구가 물에 잠길 수 있다. 이는 현재 위협받고 있는 가구의 세 배에 달하는 숫자다. 지구 전체로 볼 때 해수면 상승으로 해안 지대가 잠기면서 2050년이면 추가로 2,300만 명이 위험에 처할 것으로 보인다.

　홍수 이후에 물이 빠지고 나면 특유의 고약한 냄새 — 석유와 쓰레기가 범벅이 된 냄새 — 가 진동하기 시작하는데, 날씨가 계속 건조하지 않은 이상 견디기 힘들 것이다. 이번 세기에 예상되는 기온 상승치는 매우 높다. 내가 살고 있는 스코틀랜드에서 나는 리오하 포도주를 만들어 볼 생각으로 포도나무를 심었다. 그런데 이번 여름이 가령 10년 만에 가장 더운 여름이라고 해 보자. 2080년이면 유럽의 여름은 항상 그만큼은 더워진다고 한다. 여기다가 강수량은 30퍼센트 가량 떨어지고, 북부 지역은 여름이 더욱 덥고 건조해진다고 한다. 그러면 위대한 보르도 와인의 시대는 가고 브르타뉴, 보그너, 심지어 뷰트 와인의 시대가 열릴 것이다.

2050년 뉴욕의 여름은 지금의 애틀랜타의 여름과 비슷해질 것이다. 애틀랜타의 여름은 지금의 휴스턴 수준이 될 것이다. 그러면 이미 너무 더운 휴스턴은? 파나마 정도가 될 것이다(파나마는 기온이 섭씨 30도 후반이고 습도는 거의 100퍼센트다). 여름 더위로 인한 스트레스로 미국에서는 매년 400명이 목숨을 잃고 있다. 유럽은 더위 맛을 한번 제대로 봤다. 2003년, 극심한 열파 때문에 2만 명이 목숨을 잃었던 것이다.

기후변화에 관한 정부간 위원회가 펴낸 『기후변화 2001 : 영향, 적응, 피해 가능성』이란 두꺼운 책에 실린 어느 표는 어떤 결말이 다가오고 있는지를 보여 주고 있다. 열파에 대한 부분(「노년층과 도시 빈곤층의 사망 및 질병 감염 증가」) 아래에는 "극심한 강우 사태(대형 폭풍우)", "극심한 강풍과 폭풍의 증가", 그리고 "극심한 가뭄과 홍수"에 대해서도 마찬가지로 적나라한 예상치가 나와 있다. 이런 극단적인 사태가 늘어난다는 것은 건물 손상, 전염병 증가, 재산 피해, 인명 손실의 위험이 더 커진다는 뜻이다.

기후변화는 주택에 예상 밖의 영향을 끼칠 수 있다. 이미 극심한 여름 기온과 가뭄으로 나무가 흙 속의 물기를 마지막 한 방울까지 다 빨아들이는 바람에 토양이 건조해지면서 지반이 침하되는 경우가 크게 늘어나고 있다. 알래스카의 경우 영구동토층이 녹아 버리면서 주택이 말 그대로 땅속으로 꺼져 버리는 일이 잦아졌다.

전체적으로 볼 때 우리가 사는 집의 전망은 상당히 어둡다. 여러분의 집이 해발 2미터 이내의 지대에 있다면, 전 세계 수백만 명의 사람들과 마찬가지로 거실에 새 카펫을 깔겠다는 생각은 하지 않는 게 좋을 것이다. 높은 지대에 산다면 다음 번 폭풍우가 닥치기 전에 허술한 타일을 수리하는 게 좋다. 도시의 고층 아파트에 산다면 물병을 많이 사 놓고 에어컨을 정기적으로 점검하는 게 좋다. 그리고 파나마 모자도 주문하는 게 좋다.

한편 우리는 지금 수준 이하로 대기 중의 온실가스 농도를 떨어뜨리기 위해 애써 볼 수 있다. 영국의 홍수 위험을 다룬 2004년의 한 보고서는 세계의 온실가스 배출량을 25퍼센트 줄이면 홍수 피해로 인한 비용을 4분의 1 정도 줄일 수 있다고 했다(2080년대에 210억 파운드에서 150억 파운드로).

깐깐한 집 구하기

가정은 엄청난 에너지 사용자이며, 막대한 온실가스 배출자이다. 그런가 하면 다행히도 가장 직접적인 변화를 실천할 수 있는 곳이기도 하다. 간단한 예로 구식 텅스텐 전구 대신에 새로운 절전형 전구를 쓴다고 하자. 사기도 쉽고, 별도로 노력이 필요하지도 않고, 절약할 수 있는 돈은 상당하다. 전구 하나만 바꿔도 매년 대기 중에 배출되는 온실가스를 100킬로그램이나 줄일 수 있다. 실제로 거의 대부분의 기후 친화적인 가정 내 실천 방안― 정부 웹사이트, 책, 심지어 전기요금 청구서 뒷면에 나열되어 있는 것들― 은 에너지 사용을 줄여 줄뿐더러 환경을 지켜 주고 돈을 절약해 준다. 가정을 더 기후 친화적으로 만들면 홍수를 25퍼센트 줄인다는 목표를 달성할 수 있으며, 더 나아가 과학자들이 말하는 60퍼센트 목표에도 도달할 수 있다.

지구의 기후를 가장 위협하는 것은 가정의 기후를 조절하는 것이다. 주인의 양말을 물어뜯고 노는 충직한 개처럼, 냉난방 시스템은 우리가 원하는 대로 기온을 정확히 조절해 준다. 우리는 눅눅한 동굴 속에서 처음으로 난방이 되어 준 활활 타오르는 불을 즐긴 지 너무 오래되었다. 이제는 벗어 놓은 슬리퍼가 바닥에 얼어붙어 있는 겨울도, 집안에 있는 파리마저 너무 더워 날지 않는 여름도 옛 이야기가 되어 버렸다. 이제는 창밖에 눈

그림 6 미국 가정의 평균 온실가스 배출 구성(매년 11톤을 배출할 경우)

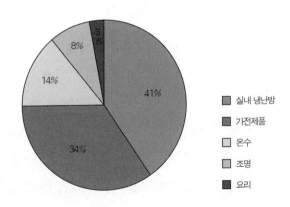

- 실내 냉난방
- 가전제품
- 온수
- 조명
- 요리

이 산더미처럼 쌓여도 집안에서 반바지에 체 게바라가 새겨진 반팔 셔츠를 입고 돌아다닌다. 그리고 빠른 음악에 맞춰 기타 치는 시늉을 조금만 해도 금세 덥다며 창문을 열어 버린다.

교통수단에 대해 이야기하면서 나는 일부 환경론자들의 자동차 운전에 대한 비판이, 대안이 별로 없는 것에 비하면 너무 과하다고 지적했다. 그러나 가정용 냉난방에 대해서는 그들은 말 그대로 두꺼운 잠바를 걸치고 유기농으로 키운 말 위에 높이 앉아 뻐길 수 있다. 이 글을 쓰면서 어머니의 잔소리가 귀에 울리는 것만 같다. "데이비드, 추우면 옷을 더 입거라. 할머니가 크리스마스 선물로 예쁘게 짜주신 것도 아직 한 번도 안 입었잖니." 추우면 옷을 더 껴입고 더우면 옷을 더 벗기만 해도 가정 내 에너지 사용과 온실가스 배출을 크게 줄일 수 있다. 미국에서 한 가정의 난방 때문에 배출되는 온실가스가 한 해에 4톤이나 되고, 냉방에는 더 많이 배출된다고 한다. 이곳 스코틀랜드의 경우 냉방 관련 배출량은 아직은 별로 없지만 난방 관련 배출량은 꽤 늘어나고 있다. 선진국 한 가정당 보일러 온도 조절기를 1도만 낮추거나 에어컨 온도 설정을 1도만 높여도 매년 배출량의 3분의 1을 줄일 수 있다고 한다.

앞으로 해가 내리 쬐는 여름에도 에어컨을 태평스레 더 세게 틀지 않고도 더위를 견디려면 마음가짐 자체를 바꾸어야 한다. 윙윙 소리를 내며 돌아가는 에어컨은 기후변화 면에서 고리대금업자와 비슷한 존재다. 당장은 집을 시원하게 해 주지만 내일이면 이자가 불어나면서 더 무겁게 만들어 버리는 것이다.

선진국에서는 갈수록 많은 사람들이 집을 소유하고 싶어 하고, 혼자 살려고 하고, 더 큰 집을 원함에 따라 주택 수요가 더 늘어날 것으로 전망된다. 유럽에서 새 주택에 대한 수요는 향후 20년 동안 200만 채를 거뜬히 넘길 것으로 보인다. 일본의 경우 2007년에 독신 거주 가구가 두세 명이 거주하는 가구의 수를 넘어설 것이며, 앞으로 25년 동안 세 배로 늘어날 것이라고 한다. 이미 오스트리아의 빈에는 가구 가운데 거의 절반이 독신 가구라고 한다. 지난 30년 동안 캐나다와 미국 가구의 평균 가족 수는— 주택 수가 1970년대에 비해 50퍼센트 늘어나면서 —3.2명에서 2.6명으로 떨어졌다고 한다. 동시에 미국 주택의 평균 크기는 140제곱미터에서 205제곱미터로 늘어났다.

건물 설계는 조금씩 에너지를 의식하게 되었지만 에너지는 더 많이 사용하게 되었으며, 그래서 온실가스 배출도 더 많아졌다. 앞으로 20년 동안 미국 가정의 에너지 사용량은 20퍼센트 더 늘 것이라고 한다. 혼자 사는 집은 두세 명이 사는 집에 비해 1인당 에너지 사용량이 두 배 많으며, 여섯 명이 함께 사는 집에 비해 다섯 배나 많다고 한다. 집에 여러 사람이 살면 난방, 조명, 심지어 커피 끓일 물도 함께 사용하게 된다. 혼자 살면 항상 텔레비전 채널 선택권을 갖기는 하지만 사용하는 에너지가 월등히 많아지게 된다. 갈수록 큰 집을 소유하려는 경향도 마찬가지다. 집이 클수록 들어가는 자재, 난방, 냉방, 그리고 배출량도 많아지기 마련이다.

지금 내 앞에는 미국·영국·오스트레일리아 정부에서 가정 내 에너지 절약을 권장하기 위해 발행한 반질반질한 브로슈어들이 있다. 여기에는 하나같이 조금은 어색한 표정을 지으며 커튼을 치거나, 지붕에 단열 공사를 하거나, 이중창을 닫는 사람들의 모습이 담겨 있다. 미소야 그렇다 치고, 에너지 절감과 그로 인한 혜택은 무시할 수 없는 부분이다. 이들 브로슈어는 예외 없이 향상된 단열의 장점을 극구 칭찬하고 있다. 그것은 지붕에 더 두꺼운 단열재를 붙이거나 이중창을 달거나 기존의 문과 창에 바람이 새지 않도록 하는 식이다. 벽을 이중 단열벽으로 한다거나 파이프와 보일러의 피복을 향상시킨다거나 현관 복도에 문을 달아 보온을 함으로써 열 손실과 에너지 낭비를 막을 수도 있다. 집의 단열을 향상시키면 냉난방에 사용되는 에너지를 거의 절반으로 떨어뜨릴 수 있는데, 이로써 한 해 약 2톤의 온실가스 배출을 줄일 수 있다.

교통수단의 경우와 마찬가지로, 정부는 지구 온난화와의 전쟁에서 가정의 에너지 사용을 가장 중요한 전투지로 인식하였다. 기후변화가 심화됨에 따라 우리는 정부의 간행물이나 텔레비전에서 만족한 듯한 미소를 짓는 사람들을 더 많이 만나게 될 것이다. 가정 내 에너지 사용을 줄이기 위한 정부의 역할은 우편함에 홍보 책자를 넣거나 "여러분 가정은 어떻게 하고 계십니까?"라고 하는 광고를 내보내는 정도 이상이 될 수 있다. 예컨대 오스트레일리아의 경우 주택 단열 공사에 든 비용의 일부 또는 전부를 정부에 청구할 수 있다. 정부에서 자금을 대 에너지 효율이 좋은 주택을 개발하는 것도 흔해지고 있다. 남아프리카 공화국의 "구굴레투 환경주택 계획Guguletu Eco-Home Project"이 좋은 사례하고 할 수 있다. 이 프로젝트는 앞으로 50년 동안 에너지 효율이 좋은 주택 6천 채를 건설한다는 계획이다. 또 주로 태양열을 이용하여 난방에 사용되는 에너지를 줄임으로써, 집 수명 동안 온실가스 배출을 자그마치 4~5만 톤이나 줄일 것이라고 한다.

우리 가운데 집을 사면서 기후변화를 고려하는 사람은 별로 없을 것이다. 기후변화를 고려할 때 범람 위험 지대에 집을 지은 곳들은 모두 심각한 재산 피해를 입을 가능성이 있다. 다음에 집을 살 때는 기후와 관련하여 몇 가지 사항을 따져 보도록 하자.

- 새 집이 직장, 역, 자전거 도로와 가까운가?
- 집에 외풍이 많이 들고 연료를 많이 잡아먹어서 난방비가 지금보다 많이 드는가?
- 아무리 작아도 텃밭을 가꿀 만한 공간이 있는가?
- 재생 에너지를 이용할 수 있는 곳인가?

그러면 어떤 집을 선택하느냐에 따라 온난화에 끼치는 영향이 근본적으로 달라질 수 있다는 점을 이해하기 위해 카본 가족의 이야기로 다시 돌아가 보자. 카본 가족에게는 기후에 끼치는 영향을 엄청나게 바꿀 수 있는 큰 소식이 있으며, 중요한 결정을 앞두고 있다.

가족이 늘어나게 된 것이다. 존과 케이트는 안심할 수 있을 때까지 두 사람만의 비밀로 간직했으나, 이제 여섯 달이 지나면서 케이트의 배가 눈에 띄게 불러 올라 헨리와 조지에게도 기쁜 소식을 이야기하기로 했다. 처음에는 무덤덤한 반응을 보이던 조지는 새 식구를 어디에 재울 거냐는 까다로운 질문을 했다. 카본 가족의 집은 처음 살 때는 아주 커 보였지만 이제는 두 아들과 개는 물론 현대 생활의 온갖 잡동사니로 가득 차 버렸다. 헨리와 조지에게 "절대 아기하고 한방을 쓰게 하지는 않으마" 하고 확답을 하고 나니, 존과 케이트는 방이 더 필요하다는 사실을 인정하지 않을 수 없게 되었다. 집을 증축을 할 것인지 새 집을 구해야 할 것인지는 아직 결정하지 못했다. 아무튼 이번 결정은 그들로서는 기후를 고려하여 하는 행동 가운데 가장 큰 것이 될 터였다. 새 집을 구할 경우 설계에 따라 에너지 효율이 더 좋을 수도 있고, 나쁠 수도 있는 반면, 증축을 할 경우 에너지 효율이 최대한 좋도록 설계를 하고 자재를 구할 수 있다는 장점이 있다.

요즘은 주택 시장의 거래가 활발하고 시 외곽에 새 주택 단지가 몇 군데 개발되고 있어서 이사를 하기에는 좋은 시기이다.

게다가 할머니가 선물로 몇 천 달러를 주었기 때문에 이사를 하든 증축을 하든 집을 꽤 늘릴 수 있다. 증축을 할 경우 집을 옆으로 확장하면 정원이 좁아지는데, 케이트와 몰리가 이것을 싫어하기 때문에 지붕 아래의 공간을 이용하는 수밖에 없다. 오랜 의논 끝에 증축은 일단 유보하고 새 집을 몇 군데 알아본 다음 확실히 결정하기로 했다.

그 주 주말에 카본 가족은 새 주택 단지의 모델하우스를 보러 갔다. 규모가 아주 큰 택지 개발 단지였다. 가는 길 중간 중간에 단지의 장점을 과장하는 광고판이 서 있었다. "깨끗하고 안전한 환경에 세 개에서 다섯 개의 침실이 있는 고급 주택." 멀리서도 줄지어 서 있는 하얀 깃대 위에 개발 회사의 로고가 펄럭이고 있는 게 보였다. 가까이 가자 널찍한 진입로가 나타나고 높다란 벽돌담이 둘러쳐 있는 가운데 커다란 대문 두 개가 서 있고 그 뒤로 택지가 보였다. 차를 댄 카본 가족은 현장 사무소에서 여러 가지 브로슈어를 집어든 다음 제일 가까이 있는 모델하우스에 갔다. 침실이 네 개인 그 모델하우스는 "식구가 늘어나는 가정에 이상적"이라고 되어 있었다. 집은 아주 완벽하게 꾸며져 있었다. 식탁에는 세련된 저녁이 차려져 있었고, 화장실 걸이에는 타월이 말끔히 접혀 있었으며, 모조 벽난로에는 꽃이 놓여 있었다. 한 시간 동안 카본 가족은 평생 봐도 충분할 만큼 여러 모델하우스를 구경했다. 별천지 같은 환경도 그렇고 집들이 하나같이 비슷한 게 전혀 호감이 가지 않았다. 비슷한 값이면 침실 수가 비슷하면서 정원이 훨씬 더 넓고 정다운 분위기의 동네에 있는 집을 살 수 있을 것 같았다.

그래서 그들은 이웃에 있는 헌 집을 찾아보기로 했다. 침실이 적어도 네 개는 되고 웬만큼 큰 정원이 꼭 있어야 했다. 처음 몇 번은 영 엉뚱한 집만 구경하다가 마침내 지금 사는 곳과 가까운 곳에서 예산에 딱 맞는 집을 하나 발견했다. 지은 지 54년이 지나 "개축이 필요한" 집으로 분류되어 있었다. 하지만 크기가 적당한 침실이 네 개 있었고, 뒤뜰이 아주 넓었다. 케이트 카본은 넓은 뜰을 다양하게 쓸 수 있다는 생각에 눈이 반짝였고, 조지와 헨리와 몰리의 전적인 지지를 받을 수 있었다. 그런 점이 마음에 들긴 했지만 집을 실제로 개축한다고 생각해 보니 만만치 않을 것 같았다. 고치는 데 드는 돈이 집을 새로 짓는 데 드는 것만큼이나 될 것 같았다. 그리고 집을 고치며 사는 동안 꽤 오래 불편할 것 같았다. 융자를 낼 은행도 그렇고, 태어날 아기를 생각해 보니 집을 증축을 하는 게 낫겠다는 판단이 섰다.

기후변화를 고려할 때 깃발이 펄럭이는 새 주택지의 새집은 "개축이 필요한" 헌집보다 에너지 효율 면에서는 훨씬 낫다. 새집은 1950년대에 지은 비슷한 크기의 집에 비해 에너지가 3분의 1 정도 적게 든다. 주로 단열 때문이다. 그렇지만 외딴 곳에 지은 이런 고급 주택지에는 함정이 있다. 집 자체가 에너지를 엄청나게 들인 집인 것이다. 벽돌 한 장에도, 타일 한 장에도, 고급 벽난로에도 전부 에너지가 들어가 있다. 실제로 우리의 집에 있는 모든 제품들, 만들고 운반하는 데 에너지가 드는 모든 것들은 눈에 보이지 않는 기후변화 가격표를 달고 있다. 내가 지금 쓰고 있는 컴퓨터도 마찬가지다. 모니터를 밝히는 데, 디스크와 팬을 돌리는 데, 프로세서를 켜는 데, 음악을 듣는 데도 에너지가 든다. 뿐만 아니라 내 컴퓨터는 우리 집에 오기 전에도 이미 상당한 에너지를 사용했다. 내가 박스를 뜯어 길디 긴 케이블을 풀고 프로그램 설치 매뉴얼을 쓴 사람을 욕하기 전에도 컴퓨터와 그 안의 다양한 부속의 제조자는 화석 연료 240킬로그램에 해당하는 양을 써 버린 것이다.

새집을 짓는 데 사용된 벽돌도, 슬레이트도, 콘크리트도, 심지어 "환영합니다"라고 써 놓은 매트도 하나같이 에너지 가격표를 달고 있다. 여러분의 집을 이루는 벽돌 하나를 놓고 생각해 보자. 그 벽돌 하나가 그 자리에 있기 위해서는 흙을 파내고, 그것을 벽돌 공장으로 운반하고, 찍어 눌러 모양을 만들고, 가마에 굽고, 건설 현장에 실어 보내고, 지금의 벽에 쌓는 데까지 전부 에너지가 필요하다. 따라서 집 전체에 드는 에너지는 엄청난 양이다. 평균적으로 새집 한 채를 짓느라 들어가는 에너지는 그 집에 사는 사람들이 가정에서 몇년 동안 쓰는 에너지와 맞먹는다. 집 주인이 이사를 와서 처음으로 커피를 끓여 먹기도 전에 이미 70톤 정도의 온실가스를 배출한 것이다.

따라서 새집이 헌집에 비해 더 기후 친화적이라는 말은 그다지 확실한 이야기가 아니다. 물론 오래된 집은 외풍도 많고 난방비도 많이 들 수 있다. 하지만 집이 오래될수록 그 집이 기후에 부담을 준 양은 점점 적게 분산되는 반면, 그 집에서 생활하는 데 드는 에너지는 부각되기 마련이다. 그래서 카본 집안은 세 가지 선택 가운데 — 헌집, 새집, 증축 — 가장 기후 친화적인 증축으로 결정하게 되었다.

증축은 사실상 집의 일부를 새로 짓는 것이기 때문에 절연도 제대로 하고 에너지 효율도 높일 수 있다. 동시에 에너지가 많이 드는 건축 자재를 최소화할 수도 있다. 알루미늄과 철은 채굴하고 가공하는 데 에너지가 많이 들기 때문에 비싼 에너지 가격표를 달고 있다. 반면에 목재는 대체로 에너지가 훨씬 덜 드는 자재다. 목재로 집을 지으면 강철 뼈대로 지은 집에 비해 온실가스 배출이 80퍼센트 정도, 콘크리트로 지은 집에 비해서는 85퍼센트 정도 줄어든다고 한다. 재활용 자재를 이용하면 에너지 사용이 훨씬 더 줄어든다.

콘크리트나 강철 같은 자재 대신 목재를 사용한다거나 약간 모험을 하여 압축 짚단straw bale을 사용한다면 건물이 지구온난화에 끼치는 악영향을 크게 줄일 수 있다. 숲은 이미 이산화탄소를 빨아들여 붙들어두는 데 큰 역할을 하고 있는데, 숲에서 나온 목재를 최대한 이용하면 온실가스 배출을 이중으로 막을 수 있다.

집을 설계하는 복잡한 과정에는 기후를 고려할 만한 요소들이 다양하게 있다. 집을 짓기 오래전부터 소위 "자연적 설계

passive design"라는 것을 고려할 필요가 있다. 이는 태양열을 최대한 이용하고 냉방의 필요성을 최소화하기 위하여 집의 방향, 지붕 재료, 창의 위치와 모양 등을 최대한 고려하는 건축법이다. 햇빛이 가장 잘 드는 쪽에 거실을 두는 간단한 방법만으로도 난방과 조명에 드는 에너지를 상당히 많이 절감할 수 있다. 게다가 효율 좋은 단열을 하고 외풍과 열 손실을 최소화해 주는 문과 창을 짤 수도 있다.

새집을 지을 때 빠뜨리기 쉬운 에너지의 함정도 있다. 우리 대부분은 새집을 지을 기회가 있을 때 큰 집을 선호하는 경향이 있다. 이를테면 맞춤형 주방을 선택할 기회가 주어지면 존 카본의 SUV와 같은 모습을 띠기 쉽다. 즉 곳곳에 반짝이는 금속이 달리고 돌로 만든 조리대가 붙은, 성공의 전시장이 되기 십상이다. 당구대만 한 "아일랜드" 수납 조리대가 딸린 주방, 북극 원정을 가도 충분할 음식 저장고, "최후의 만찬"을 세 팀은 넉넉히 할 수 있을 정도의 식탁을 갖춘 식당이 되기 쉽다. 주방, 거실, 침실이 커지면 집이 커질 수밖에 없다. 이는 더 많은 콘크리트, 벽돌, 철, 그리고 에너지가 필요하다는 뜻이다. 집이 커지면 조명도, 냉난방도 더 많이 필요해진다. 따라서 기후를 고려한 새집은, 비행기 격납고 같은 집이 되지 않도록 에너지 효율이 좋은 설계와 에너지를 덜 사용한 건자재를 결합하는 집이 되어야 한다.

대기 전력이라는 망령

우리가 사는 집은 기후변화에 엄청난 영향을 끼친다. 아이들이 전부 집을 떠나거나 은퇴를 할 때는 더 좋게든 더 나쁘게든 그런 영향을 크게 변화시킬 수 있다. 우리 가운데 상당수는 해안가나 손자들과 가까운 곳, 아니면 자녀들한테서 더 멀리 떨어진 곳으로 이사를 가게 된다. 카본 할머니도 마찬가지였다.

그녀는 은퇴자 마을의 아파트로 이사를 갔다. 몇 개의 방과 작은 주방이 딸린 집이다. 가족과 가까이 있을 뿐만 아니라 주변에 정원이 잘 가꿔져 있어서 좋다. 옛집을 팔고 아파트로 이사를 가면서 그녀는 기후 개선에 큰 역할을 했다. 아파트는 큰 건물의 일부분을 쓰기 때문에 에너지를 크게 줄여 준다. 더군다나 이웃집들이 단열재 역할을 해 준다. 예전의 집은 겨울 난방과 여름 냉방을 하는 데 지금의 집에 비해 거의 네 배나 많은 에너지가 들었다. 결과적으로 그녀는 이사를 한 덕분에 가정 내에너지 사용과 관련된 온실가스 배출을 자그마치 3분의 2나 줄이게 되었다.

일반적인 가정에서 가전제품이 일 년에 배출하는 온실가스의 양은 4톤 정도 되며, 가정 내 에너지 사용의 원인 중 냉난방을 따라잡으려 한다. 그렇다면 가장 먼저 할 일은 언제나 에너지 효율이 가장 좋은 모델을 사는 것이다. 그렇다고 그게 전부는 아니다. 에너지 효율이 떨어지는 냉장고를 바꾸기 위해 당장 주말에 새 것을 사러 가는 것은 새 냉장고를 만드는 데 추가로 에너지가 더 든다는 점을 무시하는 일이다.

가전제품을 만드는 데는 어마어마한 플라스틱과 금속이 들어간다. 먼지를 뒤집어쓴 3년 된 냉장고를 거미줄 없는 새 냉장고로 바꾸기 전에, 헌 것의 먼지를 털어 낼 필요가 있다(코일과 문틀의 고무만 깨끗하게 닦아도 매년 온실가스 배출량을 200킬로그램 줄일 수 있다). 물론 처음으로 주방에 가전제품을 들여 놓는 경우라면 에너지 효율이 가장 뛰어난 것을 고르는 것이 가장 기후 친화적인 일이다. 하지만 우리 대부분은 반짝반짝 빛나는 오븐과 냉장고와 식기세척기를 완비한 주방을 갖고 있다. 그럴 경우 냉장고나 세탁기를 오래 쓸수록 이미 그것들을 만드는 데 든 에너지를 더 효과적으로 쓰는 셈이다. 어림잡아 구입한 지 5년이 안 되었고 아직 쓸 만한 가전제품은 계속 쓰는 게 좋다. 새 것의 경우 새집을 설계할 때와 마찬가지로 "클수록 좋다"고 여기는 함정이 우리를 기다리고 있다.

케이트 카본은 들떠 있다. 잔뜩 멋을 부린 창으로 따스한 봄 햇살이 쏟아져 들어오는 화사한 주방 사진으로 가득한 반지르르한 브로슈어와 잡지가 식탁에 잔뜩 널려 있다. 그보다는 멋이 덜하지만 새하얀 냉장고와 세탁기 사진도 잔뜩 있다. 하나같이 왜 그 모델이 제일 크고 성능이 좋고 얼마나 하얀지를 자세히 설명하는 광고다. 카본 부부는 이사를 가지 않고 증축을 함으로써 아끼는 돈으로 주방을 새로 꾸미려고 한다. 지금 사는 이 집으로 이사 온 뒤 주방은 별로 바뀌지 않았다. 꽉 찬 빨래에 반항이라도 하듯 주방 바닥에 쓰러져 불이 붙는 바람에 새로 사야만 했던 세탁기를 포함하여 몇 가지가 바뀌긴 했지만 주로 처음 그대로였다. 이제는 식기세척기도 세척 전보다 접시 가장자리가 더 더러워지고, 크리스마스도 다가오고, 주방 개조를 도와주는 텔레비전 프로그램도 하도 많이 봐서 그냥 있을 수가 없다. 존 카본은 새 주방의 설계에 대한 세부적인 부분에는 별 관심이 없지만 오븐은 얼마나 큰 게 좋고 레인지 화구火口는 몇 개인 게 좋은지에는 흥미가 있다.

카본 가족은 가까운 대형 상가에 가서 여러 곳의 주방 전시장 중 하나의 주방 설계 안내석을 찾아간다. 조지와 헨리는 몇 분도 되지 않아 주방 레인지에 어떤 배기 후드가 좋은지, 어떤 찬장 손잡이가 멋진지에는 흥미를 갖기 어렵다는 것을 알게 된다. 한동안 우는 소리를 하자 둘은 가까이 있는 오락실로 가도 좋다는 허락을 받는다. 단 아무것도 사지 말고 한 시간 안에 돌아오라는 엄한 명령을 지키는 한에서. 아이들이 가고 나자 카본 부부는 말이 빠른 점원과 함께 앉는다. 점원은 새 주방이 얼마나 근사한 모습이 될 것인지를 그림으로 보여 준다. 사진 속에는 카본 부부 같은 부부가 멋진 조리대를 보고 감탄을 하며 포도주를 마시고 있다. 그 둘에게 아이들은 없는 것 같다.

카본 부부는 한동안 "환상의 주방 삼총사"와 싱크대 크기에 대해 이야기를 나눈 다음 물건을 선택할 차례를 맞았다. 점원이 권하는 것은 휘황찬란하다. 레인지에는 화구가 여덟 개 달려 있고, 오븐은 추수감사절 칠면조는 물론 말 반 마리도 요리할 수 있을 만큼 크고, 컴퓨터와 연결된 냉장고는 내용물을 파악하여 언제 다시 채워 넣으면 되는지를 알려주기도 한다. 카본 부부의 새 가전제품에 드는 돈은 주방을 개조하는 데 드는 돈의 세 배에 달하는 액수다. 결국 그들은 점원에게 결정을 내리면 전화를 하겠다는 약속을 하고는 집으로 향한다. 오락실에 가서 조지와 헨리를 겨우 끌어낸 뒤, 지쳐 버린 가족은 더 많은 브로슈어와 도면과 명세서를 들고 집으로 돌아간다.

존과 케이트는 진한 커피를 한 잔 타고 브로슈어 뭉치를 다시 바라보며 식탁에 털썩 주저앉고서야 별로 오래되지도 않은 주방 가전제품을 싹 갖다버리는 게 잘하는 일이냐는 말을 하기 시작한다. 맞다. 식기세척기는 오작동을 하기는 하지만 존이 볼 때 회전 날개만 잘 청소해 주면 새것처럼 성능이 좋아질 것이다. 다른 가전제품들도 그렇다. 아침에 본 것들처럼 크고 번쩍번쩍하지 않아도 되는 것들이다. 말하는 냉장고 — 뭐 어쨌든 처음 5분 동안은 — 가 있으면 재밌긴 하겠지만 지금 있는 것도 아직 3년밖에 되지 않았고 성능도 완벽하다. 덤불 속에 버려져 있는 냉장고의 모습 — 몰리를 산책 시키려고 동네 공원에 갔다가 이따금 보게 되는 혐오스러운 모습 — 이 떠오르자 냉장고를 유행처럼 계속 갈아치우는 게 큰 문제라는 느낌이 들었다. 거대한 오븐과 탁구대만 한 레인지는 파티할 때는 좋겠지만, 지금까지 보통 크기의 오븐과 화구가 네 개인 레인지로도 충분했다. 케이트는 낡아 보이는 찬장 손잡이와 조리대를 정말로 갈아 치우고 싶었지만 거의 완벽한 주방 가전제품을 다 버리고 유행이라고 해 봐야 일주일밖에 못 갈 최신품을 들인다는 것은 범죄에 가까운 행위 같다고 털어 놓았다.

그날 오후 존은 케밥 꼬치를 이용하여 식기세척기 문제를 해결한다. 그리고 단 한 차례의 의논으로 카본 부부는 지금 있는 가전제품을 전부 그대로 쓰고, 찬장 문과 조리대 상판은 고쳐 쓰기로 결정한다. 존이 쇼핑몰에 전화를 걸어 수수료에 굶주린 점원에게 나쁜 소식을 전하는 동안, 케이트는 다소 실망한 헨리에게 주스를 더 살 필요가 있다고 말해 주는 냉장고를 군이 사지 않아도 되는 이유를 설명한다.

카본 가족이 지금까지 쓰고 있던 가전제품들은 별로 오래되지도 않았고 에너지 효율 등급도 꽤 좋은 데 반해, 그들이 사려고 했던 큰 것들은 에너지를 많이 잡아먹는 것들이었다. 첨단 기술이 도입된 대형 냉장고는 제품 수명 동안 3.5톤의 온실가스를 배출한다. 반면에 작고 말도 못하는 예전의 냉장고는 2톤밖에 배출하지 않는다. 게다가 새 가전제품을 만드는 데 추가로 드는 에너지는 더욱 크다.

가전제품이란 꼭 바꾸어야 할 때도 있다. 세탁기는 언젠가 계속해서 빙빙 돌아가며 큰 수건을 빨아 텐트처럼 펴서 말리는 것을 거부하기 마련이고, 냉장고는 청소 당하는 것에 싫증이 나서 언젠가는 영하 20도로만 돌아가게 된다. 이때가 되어야 해당 제품의 에너지 효율 등급의 진가를 알 수 있다. 보통 가정에서 에너지를 많이 사용하는 가전제품에는 보일러, 냉장고, 세탁기, 그리고 에어컨 같은 것이 있다. 이런 것들 중 대부분에 대해 안 사면 된다는 식의 해결법은 바람직하지 않다. 대신에 어떤 모델, 상표, 크기를 선택하느냐의 문제가 중요하다. 그런 것들 모두가 우리 가정이 지구온난화에 끼치는 중대한 영향의 큰 변수가 되기 때문이다.

요즘 새로 나오는 가전제품에는 대부분 에너지 권고 라벨이 붙어 있다. 더 효율적인 모델을 택함으로써 얻을 수 있는 혜택은 크다. 라벨 표시는 나라별로 다르다. 미국과 오스트레일리아의 경우 별 표시이고(별이 많을수록 좋다), 유럽의 경우 문자 표시다. 문자 표시란 가장 효율적인 A등급에서부터 가장 비효율적인 G등급까지 구분하는 것이다. 모두 모델끼리 비교하여 알고 살 수 있도록 해 준다. 여러분이 뿌듯하게 A등급의 세탁기를 갖고 있다면 G등급의 에너지 과소비형 세탁기를 가진 사람에 비해 한 해 온실가스 배출량을 3분의 1은 줄일 수 있다. 보일러의 경우 훨씬 더 많이 절감할 수 있다. 새로 나온 콘덴싱(응축) 보일러의 경우 엄청난 에너지 효율(90퍼센트)을 자랑하며 가정 난방으로 인한 온실가스 배출을 2톤 이상 줄일 수 있다. 영국의 가구 전체가 이 보일러로 가스 중앙난방을 한다면 4백만 가구의 난방 에너지를 절약할 수 있으며, 온실가스 배출을 1,750만 톤이나 줄일 수 있을 것이다.

가정 내에서 하나하나가 에너지를 많이 잡아먹는 소수의 가전제품 말고 가정에서 흔히 쓰면서 에너지 소비가 상대적으로 적은 가전제품들도 많이 있다. 그런 물건들도 하나같이 쓰든 안 쓰든 기후변화에 나름의 비용을 초래하고 있다(여기에도 만드는 데 드는 에너지까지 고려해야 한다).

주방 조리대 위에, 거실 선반 위에, 심지어 화장실 창턱에도 물건들이 있다. 그것도 엄청나게 많다. 소비 사회의 충실한 일원답게 우리는 선반을 더 만들거나, 대규모 벼룩시장을 열거나, 더 큰 집으로 이사할 필요가 있도록 더 많은 것을 가져야만 한다는 생각을 쉽게 받아들였다. 선진 세계에서는 적외선 망원경, 파스타 만드는 기계("겨우 다섯 시간 반 만에 싱싱한 파스타를 직접 만들어 보세요"), 코털깎이 세트("정교한 팔이 가장 닿기 어려운 부분까지 해결해드립니다") 같은 것들이 집안과 개인용 창고에 잊힌 채 널려 있다.

크리스마스는 그런 장치나 진귀한 선물을 엄청나게 주고받는 큰 잔치다. 결국 선물을 주자고 있는 명절이 되어 버렸는데, 이미 온갖 것을 다 갖고 있는 친지에게 무엇을 주겠는가? 크리스마스까지 쇼핑할 수 있는 날이 열흘도 남지 않았을 때는 온라인 장난감 매장이 제때 배달을 할 수 있는지 전전긍긍하느라, 아니면 발 디딜 틈 없는 쇼핑몰에서 선물을 구하기 위해 땀을 빼느라 정신이 없을 지경이다.

결국 우리는 마지막 남은 유명 상표의 간이 청소기 하나를 구할 수 있어서 몹시 기뻐하고, 마침내 그날이 되어 어렵사리 구한 선물을 주고받으며 만면에 가득 미소를 짓는다. 상대방도 온갖 고생을 다해서 선물을 구했을 텐데 그게 나에게 필요한 것인 경우는 별로 없다. 그렇다고 정해 주는 물건 말고는 절대 사지 말라고 요구할 수도 없는 노릇이다. 적어도 여덟 살을 넘지 않았다면 말이다. 하지만 우리는 보통 물건들보다 기후변화 가격표가 훨씬 싼 것들을 사줌으로써 필요 없는 물건을 더 구입하는 문제를 줄일 수 있다. 예컨대 자선 기부증 같은 것을 선물로 하는 것이다. 이미 많은 사람들이 그렇게 하고 있다. 2004년을 예로 들면 빈민구호 단체 옥스팜은 크리스마스 선물로 3만 개이상의 "염소 선물Goat Gift"을 팔았다. 이 카드(그리고 염소 사진) 판매 대금은 개발도상국 3만여 명에게 의료 지원을 하는 데 쓰였다.

앞서 자동차에 대한 이야기를 할 때처럼, 나는 지금 자본주의적 가치에 반항하고 쇼핑 채널 경영자들을 전부 감금하자고 소리를 지르며 곁길로 빠지고 있다는 느낌이 든다. 지금의 라이프스타일을 암흑 시대로 되돌리자는 주장이 통할 리 없다. 나는 텔레비전을 좋아하고(그중 일부이지만), 비디오와 컴퓨터를(문제가 될 정도로) 좋아한다. 대신 군이 필요하지 않은 자잘한 물건들을 사지 않음으로써 이런 것들을 가져도 에너지 사용을 상당히 많이 줄일 수가 있는 것이다. 크리스마스, 특히 "파산할 때까지 소비하자"라는 크리스마스의 모토는 이 책에서 줄곧 비난을 면치 못하는 생활방식이다. 나는 크리스마스를 사랑한다. 그리고 해마다 화이트 크리스마스를 꿈꾼다. 그만한 감동이 또 있을까? 크리스마스 아침에 일어날 때 창밖이 우윳빛을 띠고 뽀드득 소리가 날 때, 그러니까 눈이 왔다는 것을 알 때의 흥분은 말로 표현하기 힘든 것이었다. 하지만 온갖 잡동사니들을 다 쌓아 놓고 사는 한, 우리는 화이트 크리스마스를 다 잊어버리고 그냥 비 오는 축축한 크리스마스에 적응하는 수밖에 없다.

지금 집에 있다면 잠시 귀를 기울여 보자. 조용한가? 아주 주의 깊게 들으면 낮게 웅웅거리는 소리를 들을 수 있을 것이다. 지금 내 귀에도 그 소리가 들린다. 범인은 스테레오에 있는 빨간 불빛, 즉 대기 전력standby power이다. 집안에서 대기 상태로 있는 가전제품들의 에너지 낭비는 점점 괴물이 되어 가고 있다. 우리는 그런 빨간 불빛을 텔레비전에서도, 비디오카세트리코더(VCR)에서도, 스테레오에서도, 셋톱박스에서도 흔히 볼 수 있기 때문에 그것들이 에너지를 서서히 잡아먹고 있다는 사실을 너무도 쉽게 잊어버린다(나는 방금 스테레오의 전원 코드를 뽑아 버렸다). 우선 이렇게 만든 것에 대해 제조자들이 비난을 받아 마땅하다. 보기에는 꺼진 것 같지만 실은 대기 상태에 있게 하고, 애써 플러그를 뽑아야 하는 대신 스위치로 전원을 완전히 차단하는 쉬운 방법을 제공하지 않은 책임은 크다.

대기 전력이란 망령이 우리 곁에 떠돈 지는 이제 꽤 오래되었다. 문제는 가정 내에서 이런 에너지 배출원이 급증하도록 만든 가전제품 시장의 붐이다. 컴퓨터가 가장 좋은 예이다. 컴퓨터는 켜는 데만 1분이 더 걸릴 수 있기 때문에 줄곧 켜 놓은 채로 쓰는 경우가 많다. "일만 하고 놀지 않으면 바보가 된다"는 식의 문구가 서서히 나타나는 화면 보호기를 작동해 놓은 채 말이다. 하지만 화면 보호기는 절대로 에너지를 보존해 주지 않는다. 자리를 비울 때 모니터 스위치를 꺼두면 컴퓨터의 에너지 사용을 절반으로 줄일 수 있다. 늘 켜 둬야만 하는 컴퓨터의 경우 에너지 절약 옵션을 이용하면 많이 달라질 수 있다. 절전 모드를 이용하면 온실가스 배출을 80퍼센트까지 줄일 수 있다.

드러나지 않게 에너지를 잡아먹어도 그만이라는 우리의 사고방식 때문에 늘 꽂아 놓고 쓰는 공기청정기가 날개 돋친 듯 팔리는 지경에 이르렀다. 조용히 윙윙거리며 돌아가는 이 가전제품은 대기 상태로만 두어도 가정 내 전력의 10퍼센트 이상을 잡아먹는다. 평균 가정에서 매년 이런 식으로 배출되는 온실가스만 4분의 3톤은 된다. 나라 전체로 볼 때 대기 전력 때문에 낭비되는 에너지와 온실가스 배출은 어마어마하다. 오스트레일리아의 경우 대기 전력으로 인한 온실가스 배출은 매년 5백만 톤 이상이며, 미국은 3천만 톤 가까이 된다. 전부 그 조그맣고 빨간 불빛을 깜빡이게 만드느라 말이다.

조금 찬 물로 씻으면 안 되겠니?

가정에서 유발하는 온실가스 파이에서 세 번째로 큰 조각은 앞서 언급했듯이 온수 사용이다. 가장 흥미로운 부분은 아니지만 매년 가정당 2톤가량의 온실가스를 배출하는 온수 사용은 무시하기에는 너무 중요하다. 가정 난방의 경우와 마찬가지로 온수에 관하여 기후에 도움이 되는 일 가운데 가장 큰 것은 단열을 잘하고 보일러를 효율적으로 만드는 것이다. 온수 파이프를 보온재로 잘 싸기만 해도 매년 온수 사용으로 인한 온실가스 배출을 120킬로그램 줄일 수 있다. 온수 탱크를 안 입는 파카 점퍼 같은 것으로 감싸 주기만 해도 에너지 소비를 4분의 3은 줄일 수 있으며, 매년 온실가스를 반 톤 정도 줄일 수 있다.

온수 사용 역시 우리의 행동에 변화를 줌에 따라 에너지 사용량을 크게 줄일 수 있는 분야다. 정부의 에너지 관련 부처 홈페이지에 가 보면, 양치질을 하면서 수도꼭지를 틀어 둔다거나 씻는 데 너무 물을 많이 쓴다거나 목욕을 너무 자주 하는 것을 지적하는 이야기를 발견할 수 있을 것이다. 전기 온수기에서 나오는 뜨거운 물 15리터당 약 1킬로그램의 온실가스가 발생한다. 온수가 새지 않도록 수도꼭지를 고치기만 해도 매년 온실가스 100킬로그램을 줄일 수 있다.

가정의 난방과 온수, 크고 작은 가전제품에 어떤 전력을 공급하느냐에 따라 그것들이 온난화에 어떤 영향을 끼칠 수 있는

지가 크게 좌우된다. 예컨대 가스 난방은 일반적인 전기 난방보다 온실가스 배출을 3분의 2정도 적게 유발한다. 우리의 가정에 공급되는 전력은 온실가스 유발에 대해 상대적으로 더 큰 악영향을 끼치는 경향이 있다. 전기를 생산하는 데 석탄을 태우는 화력발전이 큰 부분을 차지하기 때문이다. 운이 좋으면 에너지 공급자를 풍력발전 같은 재생 가능 에너지 공급자로 바꿀 수 있을 것이다. 그러면 전기 사용으로 인한 온실가스 배출을 90퍼센트 이상 줄일 수 있다.

가정용 에너지 공급자와 재생 가능 에너지 사용의 이점에 관한 이야기가 나온 김에 잠시 가정 내 발전에 대해 알아보자. 이렇게 말하면 산에 사는 털보 아저씨가 베란다에서 태양열 전지판을 손보고 있는 모습이 떠오를 것이다. 하지만 지금의 가정용 재생 가능 에너지 기술은 생각보다 훨씬 더 널리 보급되어 있다. 그것은 기후에도 좋을뿐더러 에너지 낭비도 적다. 전기를 발전소에서 먼 곳까지 보내지도 않고, 전기 수요가 급증하거나 정전이 닥쳐도 에너지를 안정적으로 공급할 수 있으며, 값이 더 쌀 수도 있다. 배출량 면에서는, 여러분이 어떤 행동을 취하느냐에 따라 절감할 수 있는 수준이 달라진다. 예를 들어 작은 태양열 전지판의 경우 배터리 충전을 하거나, 정원 조명을 하거나, 집 내부의 에너지 수요를 어느 정도 충당할 수도 있다.

가정에서 많은 양의 전기를 직접 생산하는 데 관심이 많은 사람일 경우 흔히 넓은 태양광전지PV cell를 택한다. 볕이 잘 드는 기후에서는 이 전지로 연중 대부분의 에너지 수요를 충당할 수 있다. 위도가 높은 지역에서도 보통 에너지 수요의 3분의 1에서 절반 정도를 감당할 수 있다. 대부분의 시스템은 전기가 남을 경우 일반 전기 공급 배전망에 돈을 받고 팔아서 다른 사람들이 자신의 재생에너지를 사용할 수 있도록 해 준다.

이런 태양광발전 시스템은 정부가 장벽을 낮추기 위해 보조금을 준다 해도 꽤 비싸다. 내가 사는 곳처럼 볕이 제법 좋은 지역에서도 큰 전지판 한 세트를 설치하는 데 드는 비용을 회수하려면 20년 쯤 걸린다. 이는 전지판 보증 수명의 두 배에 해당하는 긴 시간이다. 돈 문제를 제외하더라도, 전지판을 만드는 데 드는 에너지 자체가 상당해서 기후 친화적인 후광의 많은 부분을 퇴색시킨다. 볕 좋은 스코틀랜드의 경우, 우리 집의 비싼 전지판이 그것을 만드는 데 든 에너지만큼을 발전하려면 8년에서 12년은 걸릴 것이다.

그렇지만 관련 기술이 빠르게 발전하고 있기 때문에 미국이나 오스트레일리아 등에 있는 대단위 지역에서는 온실가스를 대량으로 방출하는 기존 발전 방식의 매우 실질적인 대안이 되고 있다. 한편 그보다 덜 알려졌지만 값이 싼 태양열 발전 방식인 태양열 온수에 대해서도 언급할 필요가 있다. 이 온수 시스템은 — 지붕에 물을 가득 채운 튜브를 엮어 놓은 것일 뿐이다 — 전기를 발생시키는 태양광전지 가격의 일부만으로도, 또 생산하는 데 에너지를 훨씬 적게 소모하더라도 설치한 지 단 여섯 달 만에 시스템을 만드는 데 드는 에너지를 상쇄하고 절약할 수 있다. 온대 기후 지역에서 이런 태양열 온수는 보일러가 제 역할을 하기 전에 냉기를 가시게 해 주는 역할을 한다. 덕분에 줄일 수 있는 온실가스가 매년 1톤 정도 된다. 시드니 외곽처럼 볕이 좋은 곳에서는 다량의 온수 수요를 충족시킬 수 있으며, 그 덕분에 매년 2톤 정도의 온실가스 배출을 줄일 수 있다.

풍력과 수력을 이용하여 — 소규모 터빈을 쓰거나 적당한 위치를 선정함으로써 — 가정용 에너지 수요의 상당 부분을 해결할 수도 있다. 나무 부스러기를 이용하는 바이오매스 보일러로 가정 난방과 온수를 해결할 수도 있고, 지열 펌프로 주변 땅의 열을 건물 내부로 모아 쓰는 방법도 있다.

이러한 가정용 에너지 및 열 발생 기술은 이미 충분하다. 다시 말해 문제의 본질은 다른 데 있다. 즉 재생 가능 에너지든 아니든 그런 기술을 어떻게 쓰느냐가 중요한 것이다. 우리는 이미 가장 큰 세 가지에 대해 살펴보았다. 그것은 실내 난방, 가전제품, 그리고 온수의 사용이었다. 그렇다면 이제 기후 안정을 위해 우리가 할 수 있는 가장 간단한 행동에 대해 알아보기로 하자. 그것은 전구를 바꾸는 일이다.

절전형 전구의 힘

가정 내 조명에 대한 이야기를 하자니 내 아버지 이야기를 하지 않을 수 없다. 우리 형제들이 자란 1970년대에는 저녁마다 아버지가 일을 마치고 돌아와서 우리한테 집을 "블랙풀 전등 축제"처럼 밝혀 놓았다며 잔소리를 하지 않는 날이 없었다. 물론 이때는 아직 온실 효과가 신문 머리기사로 등장하기 한참 전이었다. 다만 아버지는 낭비를 아주 싫어하는 분이어서 조명을 함부로 쓰는 게(그리고 전기 요금이 더 나오는 게) 못마땅했던 것이다.

지난 몇 십 년 동안 조명은 더욱 효과적으로 발전해 왔고, 동시에 그만큼 조명을 더 많이 써 왔다. 전체적으로 볼 때 가정 내 조명은 우리 형제들이 링컨셔에 있는 작은 집에서 나름대로 블

그림 7 에디슨의 진화

랙풀 전등 축제를 만들어 내느라 바쁘던 때보다 더 많은 전기를 사용하고 있다.

개인적으로 할 수 있는 행동에 대한 주요 안내서에는 기후 친화적인 조명이 언제나 앞자리를 차지한다. 그만큼 실천하기가 쉽기 때문이다. 차를 버리고 자전거를 택할 필요도 없고, 태양열 전지판에 수천 달러를 쓸 필요도 없고, 사먹는 음식에 붙은 라벨을 일일이 읽을 필요도 없다. 절전형 전구는 값도 싸고, 구하기도 쉽고, 전기 요금도 절약되며, 배출량도 줄여 준다. 그런데 왜 모두가 사용하고 있지는 않을까? 도무지 모를 일이다. 예컨대 조명이 열두 개인 일반 가정에서 전구를 에너지 절약형으로 전부 바꿀 경우 매년 온실가스 배출량을 1톤 정도 줄일 수 있다. 의자 위에 몇 번 올라가는 수고의 결과치고는 대단한 일이다. 다음에 전구를 살 일이 있으면 꼭 절전형을 사자.

그림 8 절전형 전구의 효과

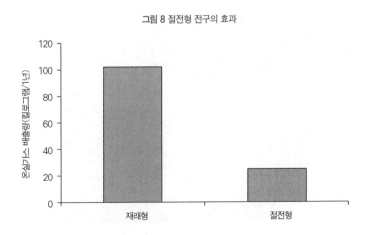

	바른 냉난방 습관	전기 효율이 좋은 제품	플러그 뽑기	절전형 전구	좋은 단열재
온실가스 절감량	최대 (30%)	(10~20%)	(5~10%)	(5~10%)	(최대 40%)

표 2 가정에서 온실가스 배출량을 줄일 수 있는 대략적인 방법

배출량 파이에서 조명 다음으로 큰 부분을 차지하는 것은 당연히 요리다. 요리를 할 때 전기 대신 가스를 쓰면 매년 배출량을 4분의 1톤가량 줄일 수 있다. 끓는 냄비의 뚜껑을 항상 닫는다거나—그럴 경우 에너지가 3분의 1쯤 줄어든다—물을 끓일 때 필요한 만큼만 주전자에 물을 넣어도, 많진 않지만 집에서 에너지가 새는 것을 효과적으로 막을 수 있다. 차를 즐기는 영국인들이 물을 끓일 때 주전자를 넘치도록 채우지만 않아도 영국 가로등 전체의 3분의 2를 밝힐 수 있다.

지금까지 집안에서 에너지 예산을 크게 잡아먹고 온실가스를 대량으로 배출하는 부분들을 전부 살펴보았다. 확실히 우리는 가정생활을 더 기후 친화적으로 만들기 위해 많은 것을 할 수 있다(〈표 2〉 참조). 그런데 우리 가정에서, 더 구체적으로 우리 주방에서 온실가스를 대량으로 배출하는 또 하나의 주범이 있다. 그것은 간접적으로 엄청난 양의 에너지를 잡아먹으며, 그것이 지구온난화에 끼치는 악영향이 날로 커지고 있다. 그것은 바로 우리가 먹는 음식이다.

4

수만 킬로미터를 날아온 딸기

집에서 전기를 낭비하거나 큰 차를 모는 게 기후에 나쁜 이유를 이해하기는 쉽다. 배출된 이산화탄소가 눈에 보이지는 않지만, 우리는 어떻게 하면 화석 연료를 더 태워야 하는지를, 또 어떻게 하면 이산화탄소 배출이 주는지를 안다. 그런데 우리의 라이프스타일에서 비롯되는 배출이 우리에게 오기까지 몇 단계를 거치면 상황이 덜 분명해진다. 어떤 결과물이 나오기까지 사용된 에너지 총량의 문제가 좋은 예다. 옆집 정원에 있는 별로 무서워 보이지 않는 조각상도 기후변화 꼬리표를 달고 있다고 누가 생각하겠는가? 정원 한쪽 구석에서 낚싯대를 들고 앉아 조금씩 자라나는 이끼를 뒤집어쓰고 있는 이 조각상에도 기후변화에 끼친 악영향이 숨겨져 있다. 그것의 재료를 파내는 데, 시멘트 몸체와 페인트를 만드는 데, 그리고 판매점에서 옆집 정원까지 운반하는 데 에너지가 들어간 것이다. 무언가를 사고 싶을 때마다 "조각상과 그 낚싯대의 수명 분석"이라는 기독교계의 지극히 건조한 논문을 엄청난 시간을 들여 읽어 볼 의사가 없는 한, 기후를 의식하는 여러분의 선택은 되도록 적게 사는 것이 되고 말 것이다.

하지만 조각상보다 숨은 기후변화 꼬리표를 훨씬 더 많이 달고 있을 수도 있지만 계속해서 사지 않을 수 없는 것이 있다. 바로 식품이다.

지구온난화와 기아 문제

벽에 있는 벽돌, 주방에 있는 가전제품, 정원에 있는 장식물의 경우와 마찬가지로, 포장된 치즈와 햄 베이글이 슈퍼마켓 진열대에 오르기까지의 과정은 엄청난 에너지를 소모할 수 있다. 마치 언덕을 굴러 내려오는 눈덩이처럼, 우리가 점심으로 먹는 베이글에 들어가는 에너지는 밭에서부터 식료품 진열대에 오르는 동안 점점 커져만 간다. 이런 베이글을 기후맹(盲)에게 내놓고 설명하기 전에, 푸드 마일food mile(식품의 이동 거리)과 소들이 뿜어내는 가스(곧 살펴볼 것이다)의 진상에 대해 설명하기 전에, 기후변화의 맞은편 길은 어떻게 해야 할까? 즉 우리가 먹는 식품이 기후변화에 끼치는 영향이 아니라, 기후변화가 우리가 먹는 식품에 끼칠 영향을 먼저 살펴보자.

북반구의 집들이 갈수록 남쪽의 기후를 닮아 가듯이 농장도 변하고 있다. 앞으로 20년 동안 많은 농민들은 위도가 낮은 곳에서만 기르던 작물을 기를 수 있게 될 것이다. 이는 그들이 나중에 기르게 될 작물들이 원래 자라던 위도에서는 제대로 자라지 못하게 될 수 있다는 뜻이다. 우리가 이산화탄소를 과도하게 뿜어내고 있다는 것은 어떤 작물들이 더 빨리, 더 크게 자라게 된다는—그래서 수확량이 더 늘어난다는—것을 뜻한다. 몇몇 농부들은 이산화탄소의 증가로 인해 전체 수확량이 늘어나는 것으로, 갈수록 심해지는 한발, 홍수, 폭풍에 의한 전체 수확물의 훼손에 대한 위안을 얻는다.

이러한 소위 이산화탄소 비옥화 효과는 반드시 좋은 것만은 아니다. 그 때문에 잡초 역시 더 빨리 자람에 따라 수확량은 떨어지고 제초제 사용은 더 늘어날 것이다. 전반적으로 볼 때 수확량이 느는 작물도 있고 줄어드는 작물도 있을 것이다. 밀, 쌀, 옥수수, 콩 같은 주곡은 2080년에 이르면 소출량이 50퍼센트까지 떨어질 것이며, 세계 시장에서의 가격은 45퍼센트까지 치솟을 것이다. 따라서 기아의 위험에 처할 인구가 50퍼센트 늘어날 것이다.

캘리포니아의 포도주 산업은 매년 40억 달러 규모이며, 상당히 좋은 포도주를 만들어 내고 있다. 21세기 동안 여름이 갈수록 뜨거워지고 건조해지면 포도주 수확량이 움츠러들면서 포도주 업계도 위축될 것이다. 마찬가지로 캘리포니아의 낙농업도 타격을 입을 것이다. 더 심한 열파와 가뭄으로 초지 방목이 어려워지고, 동물들도 더 스트레스를 받음에 따라 2100년이면 생산량이 20퍼센트까지 떨어질 것이기 때문이다.

가뭄과 폭풍우와 홍수가 잦아지면서 식량의 수출입에 큰 차질을 빚을 것이고, 병충해가 늘어나면서 문제가 더 심각해질 것이다. 기후변화는 선진국의 식량 분야에 광범위한 영향을 끼칠 것이지만, 제일 큰 위협을 받는 것은 개발도상국 — 기아가 너무도 만연하는 곳 — 의 식량 생산 및 공급이다.

특히 아프리카에서는 식량 안보의 전망이 대단히 어둡다. 이미 이 지역에서는 2억 명의 사람들이 영양결핍으로 분류되어 있으며, 농업의 상당 부분이 기후변화의 정도에 달려 있는 실정이다. 21세기가 진행될수록 캘리포니아 포도주 농가를 위협하는 가뭄과 홍수와 폭풍우가 심해짐에 따라 무수한 아프리카 사람들이 목숨을 잃을 것이다. 세계적으로 볼 때 2080년까지 8천만 명의 사람들이 기후변화 때문에 추가로 기아의 위험에 빠질 것으로 보이는데, 이 가운데 6천5백만 명이 아프리카 사람일 수 있다. 그것은 바로 지금 우리가 태우고 있는 화석 연료 때문에 영국 인구 전체에 해당하는 사람들이 기아를 겪을 수 있다는 뜻이다. 오늘 우리가 먹고 있는 식량이 내일 아프리카, 아시아, 남미의 무수한 사람들을 굶겨 죽일 수 있다는 얘기다.

소의 트림 때문에 지구가 더워진다고?

그렇다면 우리의 찬장, 냉장고, 슈퍼마켓에 있는 식품 이야기를 해 보자. 과연 그것들이 정확히 어떻게 그토록 엄청난 기후변화 꼬리표를 달게 되며, 우리는 식료품 계산서의 이 숨은 부분을 어떻게 해결할 수 있을까? 문제와 해법은 전부 농장에서 시작한다. 농업은 인간이 유발하는 메탄가스 배출의 거의 절반, 그리고 아산화질소 배출의 4분의 3의 원인이다.

전혀 해로워 보이지 않는 밀밭부터 살펴보기로 하자. 밀밭은 한때는 임야였는데, 이산화탄소를 잘 빨아들여 가두어 두는 역할을 했다. 이제는 매년 수확을 하고 나면 밭을 갈아 주어야 한다. 그러면 깊이 묻혀 있던 흙(탄소를 풍부하게 함유한)이 공기 중에 드러나게 되고, 상당량의 이산화탄소가 대기 중으로 달아나게 된다. 이듬해에 수확할 밀을 빨리 기르기 위해 농부는 엄청난 양의 질소 비료를 뿌림으로써 아산화질소 배출을 증가시킨다. 다른 작물의 경우도 모두 마찬가지다. 질소 비료를 뿌리면 아산화질소가 배출되는 법이다.

그 다음은 메탄이다. 메탄가스를 배출하는 미생물은 젖은 것이면 무엇이든 좋아한다. 여러분이 만일 부츠를 신은 발로 질펀한 수렁 같은 곳을 디뎠다가 밟은 자리에서 거품이 올라오는 것을 보았다면, 게다가 식물이 썩는 냄새가 함께 올라오는 것을 느꼈다면, 여러분은 메탄이 배출되는 것을 본 셈이다. 발이 푹

푹 빠지는 습지와 마찬가지로, 논의 질펀한 흙에도 메탄을 배출하는 박테리아가 엄청나게 많이 있다. 이 미생물들이 매년 뿜어내는 메탄가스가 6천만 톤 정도 된다.

이런 작물들을 소비하는 우리가 이산화탄소 배출에 관해 할 수 있는 일은 별로 없다(낭비를 줄이고 직접 기르는 것은 별도로 하고). 세계 여러 나라의 정부는 이미 밭에 뿌리는 질소 비료의 양을 제한하려 하고 있다. 그것은 질소 비료가 지하수로 흘러들어 식수를 오염하는 것을 방지하기 위한 것은 아니다. 벼농사를 짓는 사람들도 젖은 흙을 좀더 자주 마르도록 내버려 두어서 메탄가스 배출을 막으라는 권유를 받고 있다. 식품과 관련된 온실가스 배출이 정말 커지기 시작하는 것, 우리에게 선택의 여지가 더 많은 것은 육류다.

풀 뜯는 소에 대해 한번 생각해 보자. 소는 비료를 엄청나게 뿌리고 아산화질소를 내뿜는 밭에서 자란 곡물을 많이 먹을 뿐만 아니라 메탄도 엄청나게 내뿜는다. 풀밭을 어슬렁거리는 소떼들은 밤낮으로 엄청난 메탄을 뿜어낸다. 소 한 마리가 하루에 공기 중으로 토해 내는 메탄은 200리터쯤 된다. 소가 많을수록 메탄의 양은 막대해진다. 오스트레일리아의 경우 이산화탄소보다 가축이 내뿜는 메탄 — 한 해 3백만 톤이나 된다 — 이 기후에 끼치는 영향이 커지려고 한다. 뉴질랜드에서도 비슷한 현상이 벌어지고 있는데, 주로 5천만 마리나 되는 양 때문이다. 에너지 사용과 교통수단이 온실가스 배출의 주를 이루는 미국에

그림 9 방목으로 인한 가스 배출

서도 소가 내뿜는 메탄이 한 해 5백만 톤을 넘어서고 있다. 농장에서 메탄을 가장 많이 뿜어내는 소만이 온난화에 큰 기여를 하는 가축은 아니다. 양은 하루 30리터의 메탄을, 돼지는 8리터의 메탄을 내뿜는다.

물론 사람도 메탄을 많이 배출하는 경우가 있다(그리고 지금은 트림 걱정을 할 자리가 아니다). 다행히 그런 경우는 드문 편이다. 우리들 대부분은 화장실에서 남몰래 몇 백 밀리리터의 메탄을 매일 뿜어내고 있다. 하루에 3리터씩이나 내뿜는 사람도 있긴 하지만 흔한 건 아니다.

어쨌건 그래서 육류를 제공해 주는 가축은 먹이 및 메탄과 관련된 에너지와 배출 가스 때문에 도살장으로 끌려가는 날까지 기후에 상당한 부담을 주게 된다. 비프스테이크는 운반에 드는 것을 계산하기도 전에 이미 무게의 15배에 해당하는 온실가스를 유발한다. 네덜란드는 아침, 점심뿐만 아니라 차를 마실 때도 고기를 먹어야 직성이 풀리는 나라로, 전체 식품 관련 배출량에서 육류가 차지하는 비율이 3분의 1이나 된다. 게다가 확실히 더 많은 소의 트림과 곡물이 필요한 유제품은 네덜란드 식품 관련 배출량의 4분의 1을 차지한다.

비싼 온실가스 꼬리표를 군이 붙이지 않더라도 육류 관련 통계 수치는 치솟고 있다. 현재 8억 명 이상의 인구가 영양실조나 식수 부족으로 인해 고통을 받고 있다. 이런 사람들에게 물은 필요한 식량을 생산하는 데 반드시 필요하다. 그런데 그 귀한 물 가운데 상당량이 가축을 위한 곡물을 기르는 데 사용되고 있다. 쇠고기 1킬로그램을 생산하려면 물 15세제곱미터가 필요하며, 시리얼 1킬로그램을 만들려면 3세제곱미터의 물이 필요하다. 육류는 같은 영양가의 작물을 기르는 데 필요한 땅보다 일곱 배나 많은 땅을 필요로 한다. 제2차 세계대전 이후로 서구 사람들은 육류를 매년 1인당 100킬로그램 이상이나 소비하게 되었다. 그 정도면 매일 스테이크 하나를 먹는 셈이다.

나는 육식을 즐긴다. 동네 상점에서 파는 맛있는 숯불 소시지 구이를, 이웃집 사람이 잘 만드는 양념 케밥을 무척이나 좋아한다. 문제는 지금 우리가 먹어치우고 있는 육류의 양이다. 육류는 원래 대접할 때나 내놓는, 값도 비싸고 구하기도 어려운 식품이었다. 집약적인 생산 방식 때문에 축산 농가와 슈퍼마켓은 닭 한 마리가 번화가의 커피 한 잔 값도 안 될 정도로 고기 값을 떨어뜨렸다. 이제 우리는 동물의 살덩이가 없으면 밥을 먹어도 먹는 것 같지도 않다고 느끼는 지경에 이르렀다. 이렇게 싼 가격은 사회·환경·의료에 들어가는 막대한 비용을 숨기고 있다. 최근에 나온 펠리시티 로렌스의 『꼬리표에 없는 것』이라는 책은 그 점에 대해 자세히 설명하고 있다.

아무리 잘 기른 것이라고 해도 육류가 기후에 나쁘다는 사실은 고스란히 남는다. 그것은 여러분이 먹는 쇠꼬리 수프 위로 날아다니며 양심을 일깨우는 또 한 마리의 파리와도 같다. 우리가 탐욕스럽게 먹는 고기의 양을 줄이는 것은 사정에 따라 차이가 있을 수 있다. 건강이나 동물의 권리를 생각해서 오래전에 육식을 끊은 사람이라면 동시에 배출량까지 줄여 왔다고 자축해도 좋다. 나처럼 종종 스테이크 생각을 하면서 침을 흘리는 사람은 일단 양을 조금씩 줄여 나갈 수 있겠고, 덕분에 더 건강해질 수 있다. 한 달에 쇠고기 버거나 스테이크를 두 개만 줄여도 매년 온실가스 배출을 3분의 1톤은 줄일 수 있다.

식품에 대한 연구, 특히 식품에 사용된 에너지와 식품이 지구온난화에 끼치는 영향에 대한 연구는 철저하게 하지 않으면 하나마나이다. 지금 내 앞에는 소금 양념을 하지 않은 견과에서부터 마가린 덩어리, 통밀 빵에서부터 주정 강화 포도주에 이르기까지 온갖 식품의 사용 에너지embodied energy가 나열되어 있는 목록이 있다. 스웨덴의 아주 부지런한 어느 단체가 그냥 돼지고기가 아니라 돼지고기 중에서도 생고기, 냉동 고기, 스웨덴

산 고기, 유럽산 고기, 스튜, 소시지를 만드는 데 들어간 에너지를 전부 계산한 것이다.

푸드 마일, 식품들이 이동한 거리

먹을거리가 밭에서부터 접시에 오르기까지의 전체 과정을 볼 때, 육류와 채소가 배출하는 온실가스의 차이는 엄청나다. 그런 맥락에서 스웨덴을 한번 살펴보자. 스웨덴은 사우나와 생활용품, 그리고 아바의 나라이다. 밤에는 비싼 맥주를 과하게 마시고 아침에는 쓰린 속을 부여잡고 물만 마시다가 점심때가 되어 호텔 레스토랑 뷔페에 갔다고 하자.

오늘의 메뉴에는 다섯 가지가 눈에 띈다. 구운 돼지고기, 삶은 당근, 토마토, 감자 튀김, 쇠고기 스튜가 그것이다. 이 음식들의 접시마다 기후변화 꼬리표를 붙인다면 다음과 같을 것이다. 당근 한 접시에 이산화탄소 50그램, 싱싱한 토마토 한 접시에 330그램, 향기 좋은 감자튀김에는 겨우 17그램, 돼지고기 몇 조각에는 610그램, 그리고 쇠고기 스튜 몇 국자에는 자그마치 1,500그램.

스웨덴 것이지만 난방을 한 온실에서 기른 토마토가 상당한 기후 꼬리표를 달고 있는 것은 밖에 눈이 내리는데도 온실을 따뜻하게 하기 위해 석유 난방 장치를 틀기 때문이다. 저장고, 특히 냉장을 하는 저장고도 에너지를 많이 쓴다. 당근의 경우 총 배출량의 60퍼센트가 슈퍼마켓에서 주문이 들어올 때까지 서늘한 곳에 보관하기 때문에 유발된다. 게다가 식품을 운반함으로써 추가로 기후에 타격을 주게 된다.

물론 어떤 식품들은 농장 문을 나설 때부터 이미 기후에 상당한 일격을 가한다. 그렇지 않는 식품의 경우 지구온난화에 대한 기여가 시작되는 것은 그때부터다. 대단히 멀어지기 쉬운, 흔히 국경과 대륙을 넘어서는 여행을 하게 되기 때문이다.

여러분의 찬장이나 냉장고에 있는 식품을 아무것이나 대여섯 개 꺼내 보자. 그것들이 여러분의 주방까지 오느라 이동한 거리를 합치면 대개 수천 킬로미터 — 보통 푸드 마일이라고 한다 — 가 넘을 것이다. 〈그림 10〉에서 보다시피 스코틀랜드에

그림 10 세계를 돌아 냉장고까지

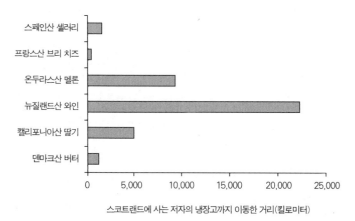

스코트랜드에 사는 저자의 냉장고까지 이동한 거리(킬로미터)

있는 우리 집의 냉장고까지 여섯 가지 식품이 이동한 거리는 4만 킬로미터가 넘는다. 먹을거리가 이렇게 장거리를 이동하려면 엄청난 화석 연료를 태워야 하고, 그만큼 온실가스를 엄청나게 배출해야만 한다.

우리가 스웨덴에서 먹은 뷔페 메뉴는 상대적으로 푸드 마일이 적다. 주로 스웨덴에서 난 것들이기 때문이다. 그렇다면 배를 타고 바다를 건너고, 트럭을 타고 대륙을 지나, 할리데이비슨 오토바이를 공짜로 탈 만큼 많은 비행 마일리지를 모은 호사스러운 음식이나 계절이 따로 없는 음식은 어떤가? 그런 것들이 달고 있는 기후변화 꼬리표는 엄청나다. 최근의 한 연구에서는, 의식 있는 소비자가 집에서 자전거를 타고 가서 사온 유기농산품 26개 품목의 총 이동 거리가 24만 킬로미터이고, 온실가스 배출량이 80킬로그램이라는 사실을 밝혀냈다.

점심을 밖에서 먹지 않고 일터에서 해결한다고 하자. 네 시간 정도만 키보드를 더 두드리다 보면 일이 끝나니 간단히 한 끼 해결하는 것도 별 대수로운 일은 아니다. 근처에 있는 가게에 가서 치즈와 햄 베이글, 음료수와 과일 몇 개를 산다. 말끔한 플라스틱 용기에 담긴 이 먹을거리를 사무실로 가져와서 베이글 포장부터 뜯다가 손가락을 베어 한동안 지혈을 한다. 차가운 먹을거리를 씹으면서 인터넷 검색창에 "포장 상처와 소송"이라는 말을 입력한다.

앞서 살펴봤듯이 햄과 치즈를 만드는 데는 온실가스가 많이 배출된다. 그것들을 베이글에 넣으려면 가공을 하고, 냉장 보관을 하고, 수 천 킬로미터를 이동하느라 배출량이 더 많아진다. 게다가 베이글에 있는 빵과 버터 때문에 배출량은 더 늘어난다. 결국 베이글 하나에 반 킬로그램 정도의 온실가스 꼬리표가 붙게 된다. 간단한 먹을거리 하나가 그 정도다. 플라스틱 포장에 대해서는 아직 이야기도 꺼내지 않았다.

건강을 생각해서 포도 한 송이와 물 한 병을 사 왔다고 하자. 여기서 문제는 더 심각해진다. 캐나다의 졸졸 흐르는 시냇물 로고가 붙은 이 물병은 배와 트럭을 타고 슈퍼마켓까지 약 6천 킬로미터를 이동한 다음 냉장고에 들어 있었다. 우리가 수도꼭지에서 받아먹는 물보다 비싼 물이 들어 있는 이 물병 하나가 약 300그램의 온실가스를 유발했다. 대단한 물이다.

포도는 끝장이다. 이번 점심 메뉴에서 지금까지 살펴본 식품과 음료는 배, 트럭, 밴을 이용하여 바다를 건너고 국경을 넘어온 것들이었다. 그런데 이 포도는 비행기를 타고 날아온다. 비행기 여행이 늘어나는 바람에 석유 매장량이 바닥나고 환경 피해가 심각해진다는 걱정을 하면서도 외국산 과일이나 채소를 톤 단위로 세계 곳곳에 실어 나르고 있다는 것은 참으로 한심한 일이다.

200그램짜리 포도 한 송이가 비행기를 타고 여러분의 식탁에까지 온 거리는 거의 1만 킬로미터가 넘는다. 이 때문에 유발된 온실가스는 1.5킬로그램이다. 이는 배출량 면에서 자기 무게의 여섯 배가 넘는 양이며, 비절전형 전구를 일주일 내내 켜둔 것과 맞먹는 정도다. 지구온난화를 생각할 때, 바다를 건너온 샘물이 납으로 만든 밀크셰이크와 같다면, 이 포도는 여러분의 뱃속에 얹히는 쇠구슬 주머니와 같다.

식품의 항공 수송은 우스꽝스러운 지경에 이르렀다. 요즘은 유명 요리사들이 온갖 새롭고 이국적인 재료를 쓰는 바람에 싱싱한 왕새우나 파파야 같은 것에 대한 수요가 폭증했다. 이런 경향에 대해 펠리시티 로렌스는 손으로 묶은 골파 한 단이 어떤 과정을 거쳐 식탁에 오르는지를 추적함으로써 잘 설명해 주었다. 이 골파는 영국에서 재배되어 결국 영국의 식탁에 오르는 것이지만, 수확을 한 뒤 먼저 케냐로 날아가 한 단씩 사람 손에 의해 묶인 다음 다시 영국으로 날아온다. 이렇게 해서 총 14,000킬로미터를 이동하며, 20그램짜리 한 단에 온실가스를 1킬로그램 유발한다.

선진국 사람들이 먹는 것들을 살펴보면 전부 이런 식이다. 1972년 시카고의 시장에서 거래되던 포도 한 송이는 25,000킬로미터를 이동한 것이었다. 그러다 1989년에는 주로 칠레산 포도가 거래되면서 평균 이동 거리가 두 배로 늘어났다.

우리 모두 자기가 사는 지역이나 집에서 기른 것만 먹어야 한다고, 겨울에는 거위 기름을 바르고 길고 두꺼운 내복을 입은 채 가을에 거둔 마지막 남은 쭈글쭈글한 사과 하나로 버텨야 한다고 말한다면 바보 취급을 받을 것이다. 하지만 어느 정도만 지역의 농산물을 먹어도 온실가스 배출을 엄청나게 줄일 수 있다. 쭈글쭈글해진 것이든 아니든 사과는 좋은 예다. 영국의 슈퍼마켓 진열대는 전부 수입산들이 점령하고 있다. 영국산 사과를 수확할 때도 진열된 것들은 대부분 뉴질랜드, 오스트레일리아, 남아프리카에서 수입된 다양한 종류들이다. 남반구에서 온 것들 대신 같은 지역에서 재배된 사과를 사면 관련 온실가스를 90퍼센트 정도 줄일 수 있다.

이동거리가 엄청난 우리의 기후변화 케이크에 입히는 옷은 쇼핑 나들이다. 쇼핑을 하러 다니는 횟수와 거리는 갈수록 늘어나고 있다. 1년에 평균 200회 이상을 한다고 한다. 시장을 걸어다니며 고깃간이나 빵집, 청과상에 들르는 식의 쇼핑이라면 승용차를 이용하는 것에 비해 배출량을 상당히 줄일 수 있는 게 분명하다. 하지만 중심가에서의 식료품 쇼핑은 갈수록 어려워지고 있다. 근처에 그런 시장이 별로 없기 때문이다. 대신 소음이 엄청난 아스팔트길을 타고 변두리로 나가서 수천 평짜리 주차장이 딸린, 비행기 격납고처럼 생긴 쇼핑몰을 이용해야 한다. 이 창고 같은 곳에는 온갖 물건이 다 있기 때문에 자주 갈 필요가 없을 것 같다. 그러나 그렇지가 않다.

승용차를 타고 쇼핑을 하러 25킬로미터를 가면 온실가스가 5킬로그램 배출된다. 이 배출량을 쇼핑 카트에 든 식품 하나하나에 분산하면 하나당 125그램의 기후변화 꼬리표를 붙일 수 있다. 과자 한 봉지를 사러 특별히 거기까지 갔다면 그 한 봉지에 붙는 꼬리표가 5킬로그램이나 될 수 있다. 이렇게 추가로 쇼핑을 하는 경우를 줄이려면 우선 쇼핑을 가기 전에 목록을 작성해야 하고, 새로운 과자 광고가 나올 때마다 자동차 열쇠를 집어 들고 싶은 유혹을 물리쳐야 한다.

또 하나, 매우 21세기적인 대처 방안은 소년이 비틀거리는 자전거를 타고 우유를 배달해 주던 시절을 떠올리는 것이다. 그것은 바로 인터넷 쇼핑이다. 트럭 한 대로 수십 가정이 일주일 이상 먹을 식품을 배달할 수 있다. 그러면 수십 번의 승용차 이동을 막을 수 있으며, 온실가스 배출을 20~90퍼센트(배달할 집들끼리 서로 얼마나 가까이 있느냐에 달려 있다) 줄일 수 있다.

선진국 세계에서 기후를 의식하는 식료품 쇼핑은 "자기 몫은 하자"는 생각과 실제 생활의 괴리를 보여 주는 대표적인 사례이다. 식료품 쇼핑은 제한된 예산으로 다음 한 주 동안 가족의 먹을거리를 알뜰하게 해결하는 일인가 하면, 자신은 기분을 망치고 아이들은 휴지 꾸러미로 서로 때리며 장난을 칠 때까지 지나치게 반복하는 일이기도 하다.

장바구니를 비싼 유기 농산물로 가득 채우며 젠체하는(에너지 절약 유인물에 등장하는 모델들의 표정이 꼭 그렇다), 별로 서두르지 않는 "윤리적"인 소비자들도 온실가스를 많이 배출할 수 있다. 실제로 저녁 파티 때 쓰기 위해 손으로 묶은 골파를 가장 즐겨 살 사람들이 이런 쇼핑객들이다. 그들은 최근에 일어난 홍수에 대해서는 통탄을 하면서도 남아프리카산 유기농 사탕수

수, 뉴질랜드산 양고기, 오스트레일리아산 와인 등을 즐긴다.

우리는 주변에서 먹을거리에 대한 이런저런 훈계를 자주 접하게 된다. 지방을 덜 먹어라, 설탕을 덜 먹어라, 유기 농산물을 사라, 공정 무역 제품을 사라, 등등. 여기에 "푸드 마일이 적은 것을 사라"는 주문을 꼭 추가할 필요가 있을 텐데, 이를 실천하기는 대단히 어렵다. 식품에 붙은 라벨에는 기후변화에 끼치는 영향에 대한 설명이 거의 없으며, 슈퍼마켓이 지역 농산물을 구할 수 있는 범위는 한정되어 있는 경우가 많다. 어떤 먹을거리가 온난화의 주범인지 아닌지 알 수 있다면, 예컨대 라벨에 푸드 마일이 적혀 있다면, 더 잘 알고서 판단할 수 있을 것이다. 또 그렇게 하면 슈퍼마켓들이 지역의 먹을거리를 구하기 위해 더 노력할 것이다.

"체중 감시WeightWatchers"라는 모임처럼 온실가스 규제에 대해서도 "기후 감시ClimateWatchers"라는 모임을 만들면 어떨까? 사람들이 모임에 가지고 온 먹을거리 영수증을 보면서 체중이 얼마나 늘거나 줄 수 있는지 이야기하듯이 온실가스 배출에 대해 이야기하면 어떨까. 그러다 보니 "이 달의 기후 날씬이" — 지난 4주 동안 근처에서 구한 쐐기풀 차와 삶은 삿갓조개만 먹고 산 수염이 텁수룩한 남자 — 의 이미지가 떠오른다. 공상일지 몰라도 아이디어 자체는 건전하지 않은가. 예배당 입구에 기후 감시 모임의 광고가 붙을 때까지는 "원산지 표시"에 의존하는 수밖에 없다. 그래야만 온 세계를 돌아다니는 먹을거리와 그

	고기와 유제품 덜먹기	푸드 마일 낮은 것	쇼핑 덜 가기	배달해서 먹기	집에서 기르기
온실가스 감축량	최대 (30%)	최대 (90%)	(5~10%)	(5~10%)	(최대 100%)

표 3 식품 관련 온실가스 배출 감축 가능량

것이 기후에 끼치는 악영향의 위협을 조금이나마 더 떨쳐 버릴
수 있을 테니까.

선진국 사람들은 보통 자기들이 먹는 식품 때문에 매년 온실
가스를 1톤 더 배출한다. 매주 슈퍼마켓에 가서 온 세계에서 실
려 온 식품을 한 카트씩 사면 온실가스를 4톤 이상 배출하게 된
다. 반면에 기후를 의식해서 먹으면 — 지역 농산물과 비행기를
타지 않은 먹을거리 — 식품 관련 배출량이 3분의 1톤 수준으로
떨어진다. 90퍼센트 이상을 줄일 수 있는 것이다(〈표 3〉 참조).
굳이 야생 딸기만을 먹고, 이따금 땅벌레나 다람쥐를 잡아먹는
생활을 하지 않아도 되는 것이다.

크리스마스의 악몽

스테이크를 덜 먹고 외국산 과일을 냉소적으로 본다 하더라
도, 우리의 소비를 기다리고 있는 먹을거리와 물건은 얼마든지
있다. 푸드 마일에, 쇼핑 카트에 든 육류의 양에, 허리둘레에 신

경을 쓰는 것이 아무 소용도 없어지는 때가 있다. 크리스마스나 추수감사절 같은 절기가 그런 때이다. 우리 대부분은 이런 명절 하면 우선 엄청난 양의 음식을 떠올리게 된다.

크리스마스이브, 공기 중엔 솔잎 향내가 그윽하고, 라디오 방송은 크리스마스 캐럴만 줄곧 틀어 주고 있고, 어느 친척에게 가볼 것인지, 아니면 어느 친척이 오기로 했는지가 이미 결정되었다. 카본 가족에게 크리스마스는 언제나 중요한 잔칫날이었다. 할머니가 와서 며칠을 묵었다 가며, 아이들은 애타게 갖고 싶던 선물을 받는 즐거움을 맛보기 위해 무척 애를 쓴다. 거실 창문에는 꼬마전구가 밝게 켜져 있고 꼬마 요정 인형과 천천히 돌아가는 지팡이가 장식된 트리가 서 있다. 처마에는 고드름처럼 줄줄이 달린 하얀 장식이 바람에 흔들리며 아름다운 빛을 만들어 낸다. 지붕에는 환하게 불이 켜진 산타클로스가 지나가는 사람들에게 손짓을 한다. 그는 순록 네 마리가 끄는 썰매에 앉아 있는데, 썰매는 온통 수많은 꼬마전구로 장식되어 있다. 앞뜰의 나무에는 단 한 그루도 빠짐없이 가지마다 꼬마전구가 걸려 있다.

존과 케이트는 근처의 대형 할인점에 갔는데, 세상 사람들이 다 몰려든 것 같았다. 부부는 주차장을 대여섯 번 돌다가 간신히 발견한 빈자리에 차를 세우고 반 킬로미터 정도를 걸어서 매장으로 간다. 매장에 들어서니 크리스마스를 확실히 알려주는 어질어질한 빛과 징글벨 소리가 퍼져 있다. 두 사람의 목적은 아이들에게 줄 선물 몇 개를 더 사고, 연휴 내내 충분히 버틸 수 있는 먹을거리를 사는 것이다. 계획을 잊지 않으면서, 수시로 눈에 띄는 특별 세일을 알리는 사람들을 놓치지 않으면서.

아이들에게 줄 선물은 예외 없이 전자 기기다. 그래서 한 군데만 들르면 다 해결이 된다. 조지한테는 신형 게임기뿐 아니라 신형 휴대폰도 꼭 사주어야 한다. 헨리한테는 신형 노트북 컴퓨터를 1순위로 사주어야 한다. 존과 케이트는 이참에 대형 PDP 텔레비전을 사려고 한다. 존이 몇 달 전부터 사고 싶어서 안달인 물건이었다.

전자제품 매장을 고되게 지나다니며 스물세 가지 휴대폰을 알아보고, 조지의 새 게임기에 들어갈 게임을 구한 다음 두 사람은 식품 매장으로 간다. 거기서는 마지막 남은 싱싱한 크랜베리 한 통을 사느라 200명이나 되는 사람들과 전투를 벌여야 한다. 그런 다음 각자 카트 하나씩을 붙들고서 긴긴 쇼핑 목록과 대조해 본 다음 사람들이 바글바글하는 계산대로 간다. 그리고 가족들이 며칠 동안 마음 놓고 먹을 수 있을 만큼의 식료품을 계산대 위에 올려놓기 시작한다.

세 시간 뒤, 그리고 광적인 쇼핑의 연속이 끝난 뒤(적어도 며칠 동안 계속되었던), 카본 부부는 집으로 간다. 집에 도착해 아이들의 호기심 가득한 눈이 찾아내기 전에 먹을 것들을 치워 놓고 선물은 포장을 해 두어야 한다. 할머니는 저녁 파티 직전에 도착한다. 크리스마스이브의 흥이 무르익어 가자 카본 가족은 둘러앉아 줄줄이 나올 음식 중 맨 처음 것을 맛보기 시작한다.

크리스마스 날은 매우 실망스럽게도 따뜻하고 비까지 내린다. 모두가 요행을 바라고 있었던 것이다. 크리스마스 당일에 눈이 온 지가 20년이나 되었다. 창고에 있는 썰매는 1월에는 쓸 수 있을지 모르겠는데, 그나마도 확실하지 않다. 오디오에서 흘러나오는 크리스마스 캐럴과 텔레비전의 성탄절 특집 영화 소리가 겹치는 가운데 모두 모여 선물 포장을 뜯기 시작한다. 종이를 찢고, 별난 넥타이를 매 보고, 새 전자 제품에 쓸 배터리를 찾느라 뛰어다니고, 새 책의 표지를 읽어 보느라 수선스러워진다. 선물을 열어 보는 긴 시간이 지나자 식탁에는 최고의 접시들이 차려진다. 그리고 오븐에서 작은 타조만 한 칠면조가 나오고, 햄이나 으깬 감자 같은 것들이 나오면 주방에 "전원 집합"이다.

힘겹게 구한 크랜베리로 만든 젤리가 나오고, 레인지에서 방금 따른 소스가 나온다. 이제 모두 잔칫상 앞에 둘러앉았다. 고기 접시를 돌리자니 식탁 다리가 휘어지려고 한다. 식탁이 지탱할 수 있는 무게가 한계에 다다르자 샴페인, 와인, 맥주, 콜라가 나온다. 잔을 채우고 모두 건배를 하면서 잔치가 시작된다. 시간이 꽤 지나, 마지막으로 으깬 감자 한 숟갈을 억지로 밀어 넣고 체리 파이 한 조각에 존이 허리띠를 맨 마지막 칸까지 풀고 나자 식사가 끝난다.

그 다음은 식기를 전부 세척기에 채워 넣고 새로 산 텔레비전 앞에 털썩 주저앉아 크리스마스 특선 영화를 볼 차례다. 운

이 좋으면, 냉육冷肉과 피클 접시가 몇 개 더 나올 때, 심한 포만
감에 괴로워하던 가족들의 배가 약간 가라앉을 것이다. 존이 설
명서가 쓸모없고 연결선도 없다며 원색적인 비난을 하는 동안
조지가 재빨리 아빠의 자리를 차지하더니 텔레비전 설정을 마
치고 시청을 하기 시작한다. 환상적인 서라운드 음향은 이내 할
머니와 아빠의 코고는 소리와 겹친다.

　나중에 존이 실외 조명을 켜기 위해 실내 조명을 어둡게 하
자 카본 부부는 또 한 번의 크리스마스가 지나갔다는 생각을 한
다. 또 한 차례 견과류와 푸딩 등의 후식이 밀려오고, 새 DVD
를 보고, 이튿날 누가 상점에 가서 어떤 먹을거리를 살 것인지
말싸움을 한 뒤, 조지와 헨리는 자러 가고 어른들은 달달한 칵
테일을 한 잔 마신다.

　카본 가족이 크리스마스에 소비한 식품은 선진국 사람들에
게는 보통이다. 견과류, 푸딩 등의 후식, 각종 과일, 칠면조와
고명, 와인을 비롯한 갖가지 술, 초콜릿 등과 같은 음식은 너끈
히 25킬로그램 이상의 온실가스를 유발한다. 이는 평일의 두
배에 해당하는 양이다. 크리스마스 연휴 전체로 볼 때 한 가정
이 음식으로 배출하는 온실가스는 4분의 1톤 정도이다. 게다가
그게 전부인 것도 아니다.

　전력 소모량도 늘어나는데, 크리스마스 조명은 특히 그렇다.
카본 가족의 경우, 손 흔드는 산타는 말할 것도 없고 수백 개의
꼬마전구가 연휴 내내 시간당 200킬로와트의 전력을 소비하는

데, 이 때문에 추가로 120킬로그램의 온실가스가 대기에 배출되며 이듬해 크리스마스에도 눈이 내리지 않을 가능성이 더 많아진다. 미국 전역에서 이렇게 축제용으로 낭비되는 조명이 매년 시간당 20억 킬로와트 정도 된다. 그 정도면 20만 가구가 일년 내내 쓸 수 있는 전력이다.

그보다 더 전기를 많이 낭비하며 온실가스를 내뿜는 것은 온갖 선물들이다. 눈에는 안 보이지만 선물 하나하나에는 나름의 에너지 꼬리표가 붙어 있다. 대부분의 가정은 크리스마스 오후가 되면 깜빡거리고 윙윙거리는 각종 전자 기기 때문에 정신이 없어진다. 그중에는 배터리란 배터리는 다 잡아먹다가 벽장 먼지를 뒤집어쓰게 되는 것이 상당수다. 그보다 더 강력한 전자제품이 금방 자리를 빼앗아 대기 전력 소음을 내면서 3분의 1톤에 달하는 온실가스를 배출하기 때문이다.

마지막으로 우리의 탐욕스러운 크리스마스 소비에서 가장 두드러져 보이는 부분이 있다. 그것은 바로 쓰레기다. 선물을 열어 보는 일까지 마치고 나면 다음 라운드를 위해 배가 조금이라도 꺼지기를 바라는 마음에 잠시 바깥 공기를 쐬고 싶어진다. 바깥에 있는 쓰레기통은 집안에서 얼마나 대단한 소비가 이루어지고 있는지를 잘 말해 준다. 아무리 큰 쓰레기통이라도 크리스마스 날의 포장지와 포장 용기, 버린 음식, 빈병 같은 것들을 전부 담을 수는 없다. 쓰레기 수거인들도 집에서 쓰레기더미를 만들어 내느라 바쁘기 때문에, 선물의 날인 크리스마스의 이튿

날은 집집마다 얼마나 많은 쓰레기를 내보내고 있는지를 실감할 수 있는 몇 안 되는 날 중의 하나다. 길모퉁이마다 가득 쌓여 있는 불룩한 쓰레기 자루 위에 산타 그림이 있는 포장지가 삐져 나와 있기도 하고, 그런 포장지가 길거리를 날아다니기도 한다.

그 다음 주가 되면 크리스마스트리가 나오기 시작한다. 전처럼 잎이 무성하지 않고 안쓰럽게 뼈대만 남아 가는 크리스마스 트리는 쓰레기통에 들어가지 않아서 다음 번 수거 때까지 벽에 맥없이 기대져 있어야 한다. 쓰레기가 이렇게 많이 나오니 소거 트럭이 엄청나게 다녀야 하고 그만큼 매립지가 빨리 메워지게 된다. 크리스마스 때마다 영국인은 225만 톤의 음식물 쓰레기와 포장지와 포장 용기, 그리고 600만 그루의 크리스마스트리를 내버린다. 미국인이 버리는 쓰레기는 더 엄청나다. 새해가 될 때마다 버려지는 크리스마스트리가 3,300만 그루나 된다. 매립지에 사는 벌레들에게 노다지와도 같은 크리스마스 때문에 한 집이 추가로 배출하는 온실가스는 200킬로그램이나 된다.

서구인들이 크리스마스 — 음식과 선물, 조명과 쓰레기 — 때문에 추가로 배출하는 온실가스는 한 집에 500킬로그램이 넘는다. 이러한 배출량을 줄이는 가장 직접적인 방법은 우선 소비를 줄이는 것이고, 그 많은 쓰레기들을 매립지가 아닌 다른 곳에 보내는 것이다. 그곳은 다름 아닌 뒤뜰이다. 뒤뜰은 지구온난화를 유발하는 배출량의 큰 원천이기도 하고 그것을 줄일 수 있는 훌륭한 장소이기도 하다.

5

뒷마당에서 날씨가 바뀐다

    뒤뜰은 갈수록 집의 연장延長 공간이 되어 가고 있다. 낮 시간에 텔레비전을 켜 보면 원예 전문 진행자가 정원을 집의 또 다른 방으로 만드는 방법을 열심히 설명하고 있는 프로그램을 쉽게 볼 수 있다. 이제는 유럽과 북미의 가장 추운 지방에서도 계절을 가리지 않고 가족들이 뜰에 나와 바비큐를 먹는 모습을 볼 수 있다. 감기에 걸릴지도 모르지만(요즘은 그럴 일도 별로 없다) 실외 난방장치를 몇 개씩 세워 두면 그만이다. 이런 식으로 바깥에서 지내기를 즐기게 되면서 이 분야는 하나의 새로운 산업이 되어 버렸다. 텔레비전 원예 프로그램에 출연하는 매력적인 원예가들도, 각종 전자 장치에서부터 반짝반짝하는 잔디에 이르기까지 온갖 것을 다 파는 원예 용품점도 산업이 되었다. 우리는 정말로 대단한 실외 생활을 즐기고 있다.

하지만 파티는 기후변화 때문에 망쳐 버리게 되어 있다. 2050년에 이르면 텔레비전의 원예가들은 "매다는 화분"에 대한 이야기보다는 "잔디가 죽고 아이들한테 진드기가 생겼다"는 이야기를 주로 하게 될 것이다. 앞으로 우리의 뜰에는 어떤 것이 기다리고 있을까? "좋은 삶"이 아닌 것만은 분명하다.

바깥 공기를 한번 들이마셔 보자. 기후변화의 영향이 바로 느껴질지도 모른다. 그것은 연기 냄새다. 여름 가뭄이 심해짐에 따라 지구온난화, 그리고 숲과 풀밭의 화재로 인한 피해도 크게 늘어날 것으로 보인다. 더위 때문에 발생하는 연기는 빨래를 바깥에 널 때 문제가 될 뿐만 아니라 건강에도 해롭다. 1997년에 동남아시아의 숲에서 큰 화재가 몇 차례 일어나 몇 주 동안 하늘이 시커매졌을 때, 어린아이들의 호흡기 질환이 세 배나 늘어났으며 폐 기능이 뚝 떨어졌다. 이듬해에 플로리다에서 큰 불이 났을 때는 천식과 기관지염으로 응급실을 찾는 사람들의 수가 두 배로 늘었고, 가슴 통증으로 입원하는 사람의 수도 3분의 1이나 늘었다.

연구에 따르면 뜨거운 여름 날씨 때문에 라돈 농축이 늘어나고(폐암의 원인), 지표면의 오존이 늘어나며(호흡기 질환의 원인), 그 밖의 여러 대기오염 물질 때문에 건강 문제가 발생한다고 한다. 유럽에서만 대기오염 때문에 유명을 달리하는 사람이 매년 30만 명이 넘는다고 한다.

연기나 대기오염 때문에 콜록거리지 않는다면 재채기를 하기 쉽다. 건초열을 앓는 사람은 뜨겁고 건조한 긴긴 여름에는 바깥에 나가려면 산소마스크와 물안경이 필요하다는 사실을 안다. 여름 기온이 올라가면 나무의 꽃가루도 많아지는 경향이 있다. 게다가 이산화탄소가 비료 역할을 하는 바람에 잡초가 더 빨리 자라면서 꽃가루가 더 많이 만들어진다. 이산화탄소 농도가 두 배가 되면 두드러기쑥의 꽃가루가 네 배로 증가한다는 것을 보여 주는 실험들도 있었다.

코를 훌쩍거리며 정원의 풀을 베는 것도 건강에 해로울 수 있다. 기후가 변하는 만큼 정원에는 온갖 새로운 해충과 병원균이 서식하게 된다. 원래 있던 것들의 수가 늘고 성격도 변하는 것은 물론이다. 1990년대 초 미국에서는 한동안 예외적으로 비가 많이 오고 난 뒤 쥐가 폭발적으로 늘어난 적이 있었다. 집안 곳곳에 쥐똥이 널릴 정도가 되면서 미국에서 최초로 한타바이러스 폐증후군이 발발했다(감염되면 폐에 물이 차는데, 환자의 3분의 1이 사망하는 무시무시한 병이다). 겨울이 따뜻해지면서 홍수가 늘어날 뿐만 아니라 다른 질병들도 급증하게 된다. 극심한 기후변화는 공공 보건 서비스에도 타격을 줄 수 있으며 영양결핍으로 면역 체계가 약화될 것이다. 종합적으로 볼 때 유행병이 발발하기 딱 좋은 조건이다. 지금까지 기후변화는 직접적으로 전염병을 유발한 것으로 보이지는 않지만 앞으로 그럴 가능성이 높다.

여러분의 정원에 퍼질 위험이 가장 높은 병은 말라리아다.

현재 세계 인구의 40퍼센트가 이 병에 걸릴 위험이 있다. 그리고 250만 명의 사람들이 감염된 상태며, 매년 100만 명이 사망하고 있다. 말라리아로 죽어 가는 아이가 30초에 한 명 꼴이다. 그러한 추세는 부실한 공중위생, 살충제 내성이 있는 모기, 여행의 증가 때문에 세계적으로 더 늘어나고 있다. 여기다가 기후변화까지 가세하여 상황은 더욱 악화되고 있다.

말라리아균은 너무 뜨거운 날씨는 좋아하지 않는다. 그래서 이미 기온이 높은 곳에 살고 있는 것의 경우 ─ 이를테면 케냐의 일부 지역에서 ─ 기온이 더 올라가면 죽을 수 있다. 그러나 대부분의 지역에서 모기와 모기가 지니고 다니는 말라리아균은 웬만한 열은 견딜 수 있다. 심지어 기온이 약간만 오를 경우 감염률이 훨씬 더 높아지게 된다. 2080년이면 말라리아가 추가로 3억 명의 사람들에게 퍼질 것으로 보인다. 남미의 경우 말라리아를 옮기는 모기의 세력권이 지금은 기온 때문에 제한되어 있다. 하지만 기후변화에 따라 범위가 더 남쪽인 아르헨티나로 확대되면서 더 많은 사람들이 감염될 수 있다.

선진국의 상당수는 1950년대와 1960년대에 말라리아를 퇴치했다. 그런데 미처 다 퇴치하지 못한 것이 있었으니, 말라리아를 옮기는 모기였다. 게다가 볕에 잘 그을린 얼굴로 휴가를 다녀온 이웃들 덕분에 말라리아는 여기저기로 들어오고 있다. 그들은 대단한 경치에 대해 이야기하면서도 정체 모를 식은땀에 대해서는 설명하지 못한다. 이렇게 더 자주 발병할 확률이

쩨 높아지고 있다.

우리의 공공 보건서비스가 앞으로도 건전하다면야 그런 병원균의 침입을 물리치고 피해를 제어할 수 있을 것이다. 문제는 의료 인프라가 상대적으로 취약해 질병에 대한 통제력이 약한 러시아 같은 나라에서 질병이 발발할 경우다.

뒤뜰에 침범하기 더 쉬운 다른 질병들 가운데 가장 위험한 것은 뎅기열이다. 말라리아와 마찬가지로 뎅기열은 늘어나는 중이며, 현재 세계 인구의 절반 이상이 감염의 위험에 처해 있다. 뎅기열도 모기에 의해 옮겨지는데, 최근 미국과 오스트레일리아에서 유입되거나 발병하는 경우가 점점 늘어나고 있다. 미국의 경우 매년 여행자들이 200건 정도를 들여오는 것으로 추정된다. 열과 발진성 출혈을 유발하는 이 병은 감염자 스무 명 가운데 한 명이 사망하는 병이다.

모기가 옮기는 병 중에서 가장 잘 알려져 있고, 늘어나고 있으며, 무시무시한 것은 웨스트나일 바이러스일 것이다. 이 바이러스는 1937년에 우간다의 한 여성에게서 확인되었는데, 1990년대까지 서구에서는 발병하지 않는 것으로 알려져 있었다. 그러다 1999년 초가을에 미국 동부 해안에서 전에 없던 뇌염 발병 사례가 나타나기 시작했다. 발병은 뉴욕에서 집중적으로 일어났고, 까마귀 등의 야생 조류가 갑자기 죽는 사태와 겹쳐졌다. 아이오와 주의 한 실험실에서는 이렇게 죽은 까마귀 한 마리로부터 어떤 바이러스를 분리시켰는데, 나중에 이 바이러스가 인간에게 뇌염을 일으킨 것과 같은 것이라는 사실이 밝혀졌다. 전에는 아프리카와 아시아에만 있던 것으로 알려졌던 웨스트나일 바이러스가 서구 세계에도 나타난 것이었다. 겨울이 찾아오고 모기들이 따뜻한 봄이 올 때까지 사라질 무렵, 웨스트나일 바이러스는 62건의 뇌염을 일으켰고 그중 일곱 명이 사망했다. 그 뒤로 이 바이러스는 미국 전역으로 퍼져 나갔다. 2003년에는 46개 주에서 9,800건의 발병이 확인되었으며, 이 가운데 264명이 목숨을 잃었다. 실제로 감염된 미국인의 수는 25만 명정도일 수 있으나, 대부분의 경우 특별한 증상이 나타나지 않기 때문에 모르고 넘어간다. 심각한 병으로 이어지는 것은 주로 노약자의 경우다. 이 병은 치료약도 없고 예방할 백신도 없다.

그런가 하면 남부 유럽에서는 리슈마니아증이라고 하는 병이 늘어나고 있다. 모래파리가 옮기는 이 병은 통증, 열, 체중 감소를 유발하며, 제때 처치를 하지 않으면 목숨을 잃을 수 있다. 영역을 넓히고 있는 다른 질병으로는 빌하르츠 병(기생충에 의한 발열 및 간 손상), 샤가스 병(흡혈충에 의한 전염병으로 미국 남부에서 이미 발병한 바 있다), 그리고 밤나무역병(현재까지는 예전처럼 유럽을 초토화하고 있지는 않다) 같은 것들이 있다.

마지막으로 미국과 유럽의 많은 지역에 진드기가 우글우글해질 위험이 있다. 시골에 살면서 개를 기르고 있다면 이미 이지독한 무임 승차꾼을 만나 봤을 것이다. 진드기는 풀밭에 숨어 있다가 의심할 줄 모르는 양이나 사슴이나 개가 지나가면 훌쩍

뛰어올라 피부 속으로 파고들어 피를 쪽쪽 빨아먹는다. 진드기는 경우에 따라 사람도 가리지 않으며, 여러 가지 질병을 옮긴다. 피를 빨아먹는 동안 라임병을 옮겨 발열과 피로감을 유발할 수 있고, 뇌염 바이러스를 옮겨 뇌에 염증을 일으킬 수 있으며, 로키산열이라고 하는 병을 옮겨 구토와 복통을 유발할 수 있다. 지난 20년 동안 겨울이 따뜻해지면서 진드기의 수는 북미와 유럽에서 크게 늘어났다. 미국에서 라임병의 발병 수는 1982년의 491건에서 2002년에는 23,000건으로 늘어났다. 미국 내무부의 권고에 따르면 밖에 나갈 때는 긴 옷을 입고, 해 질 무렵과 해 뜰 무렵에는 밖에 나가지 않는 것이 좋다고 한다.

이웃의 야외 바비큐 파티에 갔다가는 제대로 익지 않은 닭다리를 먹게 될 위험이 있다. 뿐만 아니라 기온이 올라가면 식중독 발생 가능성도 높아진다. 영국에서는 2050년이면 식중독 발생 건수가 1만 건 이상 늘어날 것으로 예상된다. 그것은 수상한 바비큐를 더 먹어서가 아니라 기온이 올라가면 많은 식품의 유통기한이 짧아지기 때문이다. 대부분의 사람들이야 식중독에 걸리면 한 이틀 화장실에 달려갈 수 있을 만한 거리에서 살면 그만이지만, 노약자의 경우 치명적인 피해를 입을 수 있다.

마당에 자라는 야자수

풀밭과 공원과 개울 등에서 우리를 노리고 있는 쥐, 파리, 모기 등이 옮기는 질병, 살모넬라균 범벅인 바비큐 햄버거, 우리를 하루에 담배 두 갑을 피우는 골초처럼 헐떡거리게 만드는 공기 때문에 집안으로 비틀비틀 들어와서 드러눕는다고 해서 누가 뭐라고 할 수도 없을 것 같다. 하지만 우리가 에어컨을 틀어놓고 실내에 들어 앉아 있는 동안 우리의 뜰은 지구온난화의 총공세를 받을 것이다. 사랑스러운 베고니아는 그런 기후변화 속에서 어떻게 살아갈 수 있을까?

전반적으로 볼 때 사정은 작물의 경우와 비슷하다. 대기 중에 이산화탄소가 많아지면 많은 식물들이 더 빨리 자란다. 장미를 좋아하는 사람이라면 꽃봉오리가 더 많이 열리고 꽃이 더 빨리 필 것을 기대할 수 있다. 유럽의 겨울이 더 따뜻해지고 짧아짐에 따라 씨앗을 더 빨리 뿌릴 수 있게 될 것이며, 많은 식물들의 생육 기간이 더 길어질 것이다. 영국의 경우 이미 봄이 10년 전에 비해 2일에서 6일 정도 빨리 시작되며, 가을은 며칠씩 늦게 시작되고 있다. 기후가 따뜻해짐에 따라 정원에서 잘 자랄수 있는 식물의 유형도 달라질 것이다. 이를테면 비비추 대신 양귀비나 금귤나무 같은 게 잘 자랄 것이다. 우리 집 정원에서 키운 포도로 리오하 와인을 만들어 먹는 게 가능해질 것이다. 실제로 이번 세기 중반이면 대규모 농장들이 스코틀랜드까지

북상할 것이다.

반면에 여름이 너무 더워지고 겨울은 따뜻하고 비가 자주 옴에 따라 다년생 초본식물로 만든 화단은 구경하기 어려워질 것이며, 히스와 더디 자라는 고산식물로 만든 돌 정원은 그야말로 돌만 남아 버릴 것이다. 우리 대부분은 더 많아진 이산화탄소를 마시고 쑥쑥 자라는 잡초를 뽑느라 더 자주 정원을 기어 다닐 것이다. 심지어 늦가을이나 겨울에도 잔디를 — 그때까지 살아 있다면 — 깎아야 할지도 모른다. 여름이면 물 공급이 한계에 다다라 곳에 따라 호스 사용이 금지되어 사랑받는 푸른 공공 지구가 크게 줄어들 것이다. 영국 남부에서는 종종 야외 파티가 열리던 잔디 대신 누런 땅뙈기가 늘어날 것이다. 여름이면 비가 자주 오고 시원한 날이 많아 사랑하는 잔디밭을 마음껏 가꿀 수 있었던 지역에서, 21세기에는 뜨겁고 건조해지면서 기존의 정원이 돌이킬 수 없이 바뀔 것이다. 잔디밭에서 크림 티를 마시는 대신 정자 그늘에서 찬물을 들이켜야 할 것이다.

식물이 긴 가뭄과 타는 듯한 더위를 버텨 낸다 해도 더 반갑지 않은 손님들이 기다리고 있다. 자라는 기간이 길어지면서 진딧물과 응애와 총채벌레 같은 것들 — 이미 정원에 흔한 해충들 — 이 더 자주 번식할 수 있게 되어 이전보다 더 빨리 식물에 피해를 주게 될 것이다. 겨울이 따뜻해지면서 이들 해충이 이듬해 봄까지 더 많이 살아남아 새싹에 새눈이 돋아날 때부터 극성을 부릴 것이다. 양배추 진딧물의 경우, 기온이 1도 올라가면 병충해가 2주 빨리 시작될 수 있다. 양배추 뿌리파리의 경우, 기온이 2도 올라가면 양배추 뿌리의 병충해가 한 달이나 일찍 시작된다.

지금은 온실에서만 활발한 병충해가 이제 바깥도 살 만하다는 것을 알고 밖으로 나오기 시작할 수도 있다. 싱싱한 채소가 많아지고 겨울이 갈수록 따뜻해지면서 곰팡이류의 공격이 급증할 수 있다. 그 밖의 많은 병충해가 전에는 너무 추워서 접근할 수 없던 곳으로 퍼져나갈 것이다. 유럽의 경우 흰개미가 영국 남부에 이미 출현했으며, 현재 북쪽으로 세력을 뻗치고 있는 중이다. 미국에서는 전에는 따뜻한 남부에만 있던 가문비나무 눈벌레 같은 병충해 때문에 나무들이 죽어 가고 있다. 전반적으로 볼 때 우리의 정원은 완전히 새로운 외래종의 유입을 맞이하게 될 것이다.

쓰레기통을 뒤져 보자

기후변화는 다가오고 있는 일이며, "내 뒤뜰에는 안 된다Not In My Back Yard"는 식의 저항으로는 멈출 수 없는 현상이다. "우리 동네를 지키자"는 구호를 내걸고 국회의원에게 편지를 보낸다 해도, 의원 자신이 한바탕 식중독을 앓은 가족을 돌보거나 호스 사용 금지 규정을 슬쩍 어기느라 바쁠 것이다. 진짜 행동

을 원한다면, 여러분의 정원이 바짝 말라서 건강에 위협을 준다
는 전망 때문에 화가 난다면, 그것은 여러분에게 달려 있다. 우
리가 뒤뜰에서 실천할 수 있는 행동은 바로 남은 음식물을 버린
쓰레기통에서 시작된다.

뒷문 밖에는 서구 생활의 쓰레기를 담아 두는, 깊디깊은 수
렁 같은 통이 있다. 쓰레기통에 든 것이라곤 불을 때고 남은 재
와 약간의 음식물 찌꺼기뿐이던 때가 있었다. 그러다 포장과 소
비가 늘어나면서 쓰레기통도 따라서 커졌다. 쓰레기통이 커질
수록 버리는 것도 많아졌다. 요즘은 쓰레기통의 용량이 230리
터나 된다. 이 정도면 결벽증이 있는 부인 세 사람의 몸집과 맞
먹는 양이다. 원치 않는 것은 모두 입을 쩍 벌리고 있는 그 통에
처넣고 잊어버리면 그만이다. 하지만 이 통은 마술 상자가 아니
다. 쓰레기는 눈앞에서는 사라질지 모르지만, 어디론가 가야만
한다. 쓰레기가 전부 어디로 가는지 알아보기 전에, 쓰레기 수
거인이 먼저 오기 전에 밖에 나가 한번 살펴보자. 다음번 특종
을 위해 여러분이 한 주 동안 버린 것들을 하나도 빠뜨리지 않
고 뒤져보는 파파라치처럼 말이다.

바퀴 달린 큰 쓰레기통 하나는 한 주에 보통 20킬로그램의
쓰레기를 담고 있다. 다시 말해 우리 한 사람이 1년에 자기 몸
무게의 열 배에 해당하는 쓰레기를 버리고 있는 것이다. 쓰레기
통을 다 쏟아 놓고 살펴본다면 〈그림 11〉과 같은 결과를 얻을
수 있을 것이다.

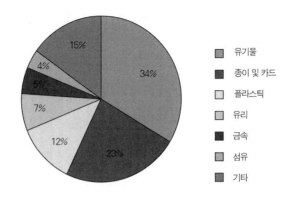

그림 11 어느 집의 쓰레기통을 뒤져 보니

가장 크면서 가장 냄새가 나는 부분을 차지하는 것은 유기물 쓰레기다. 이는 전날 밤에 먹다 남은 피자, 먹다 남은 샐러드, 냉장고 구석에 처박혀 있던 계란노른자 같은 것들이다. 미국의 경우 매년 2천5백만 톤의 음식물쓰레기가 버려진다고 한다. 정원이 있는 가정의 경우, 유기물 쓰레기에 잔디 깎은 풀, 원예 용품점에서 충동적으로 산 죽은 화분들도 포함된다. 우리 한 사람이 매년 버리는 식물 쓰레기의 양이 50~125킬로그램 정도라고 한다. 미국 전체로 볼 때는 정원 손질을 통해 버려지는 쓰레기가 약 3천만 톤이라고 한다.

티백에서부터 바나나 껍질, 사과 씨에서부터 잡초에 이르기까지, 이 모든 유기물 쓰레기는 매립지에 버려지고 나면 강력한 온실가스인 메탄을 뿜어낸다. 이 가운데 약 60퍼센트는 단단히 압축을 하고, 더 이상 다질 수 없는 나머지는 흙 속에 함께 묻히게 된다. 그러면 땅 속에서 박테리아가 그것을 먹기 시작한다 (이 박테리아는 질펀한 습지에서 메탄을 뿜어내는 박테리아와 같은 종류다). 세계적으로 매립지는 매년 약 5천만 톤의 메탄을 배출하는데, 이 가운데 상당량이 주방과 정원에서 나오는 쓰레기가 분해될 때 생성되는 것이다. 미국에서는 매립지에서 나오는 메탄의 절반이 발전용 터빈을 돌리는 데 이용되지만, 그 나머지는 대기 중에 그대로 방출된다.

간단히 말해 커피를 걸러 마시고 남는 찌꺼기와 정원을 손질하고 남는 풀이나 잔가지를 쓰레기통에 버리지 말자는 것이다. 메탄을 배출하는 미생물을 굶겨 죽일 수 있는 가장 간단한 방법은 정원사들이 오랫동안 해 오던 방식을 따르는 것이다. 그것은 바로 퇴비를 만드는 것이다. 보통 한 가정이 버리는 음식물이 하루에 3.5킬로그램 정도 된다. 이 가운데 3분의 2는 퇴비더미나 지렁이 퇴비 상자로 보낼 수 있는 것들이다(〈그림 12〉 참조). 정원에서 나오는 유기물 쓰레기도 대부분 그런 것들이다.

나는 퇴비에 꽤 미친 사람이다. 주방과 정원에서 나오는 쓰레기를 더미 위에 던져 놓고 가끔씩 갈퀴로 섞어 주기만 하면, 한 달 뒤에 식물의 거름이 되는 "검은 금"을 밑에서부터 한 바가지씩 퍼 낼 수 있다는 생각을 할 때마다 흥분을 감출 수 없다. 퇴비더미보다 더 좋은 것이 지렁이 퇴비 상자다. 이것만 있으면 양배추 잎이나 감자 껍질 등 주방에서 나오는 온갖 유기물 쓰레기를 더욱 검은 금으로, 그것도 두 배나 빨리 만들 수 있다.

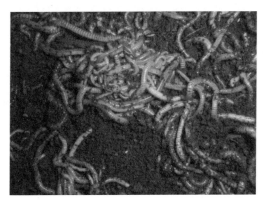

그림 12 "검은 금"을 만들어 내느라 바쁜 지렁이들

지렁이 퇴비 상자는 가장 정원 친화적인 순환 방법이다. 상당량의 메탄 배출량을 줄일 수 있을 뿐만 아니라, 버리는 당근 꼭지를 몇 주 만에 최고급 거름으로 만들어 이듬해에 더 좋은 당근을 재배할 수 있다. 1킬로그램의 감자 껍질, 티백, 잡초 등을 매립지로 보내지 않고 퇴비로 만들면 그 두 배의 온실가스가 대기 중으로 배출되는 것을 막을 수 있다. 이런 식으로 1년 동안 실천하면 배출량을 1톤 정도나 줄일 수 있다. 지렁이 몇 마리를 길러서 할 수 있는 일치고는 훌륭하지 않은가.

정원이 없는 사람이나 지렁이를 싫어하는 사람들을 위해 큰 마을이나 도시에 집중화된 퇴비 처리 시스템이 생겨나고 있다. 그런 사람들의 유기물 쓰레기를 전부 트럭에 실어 묻어 버리지 않고 지역 사회별로 모아 거대한 퇴비더미를 만들면, 지역 당국은 상당한 양의 퇴비를 지역 원예 용품점에 팔 수 있다. 이렇게 거대한 유기물 퇴비더미는 산소 공급량을 유지시켜 주며, 메탄을 뿜어내는 악취 나는 미생물의 번식을 줄이는 데 도움이 된다. 미국 뉴멕시코 주의 앨버커키 시의 경우, 이런 식으로 매년 1만 톤 정도의 정원 잡초 등을 퇴비로 만들어 4,500톤의 온실가스 배출을 막고 있다.

쓰레기통을 뒤지는 이야기로 다시 돌아가 보자. 쓰레기통의 내용물 중에 둘째로 많은 부분을 차지하는 것은 종이이다. 스파게티 소스가 묻은 전화요금 계산서나 영수증 같은 것은 쓰레기통을 뒤지는 파파라치에겐 이상적인 대상이지만, 지구온난화에 기여하는 쓰레기 가운데 큰 부분을 차지하는 것이기도 하다. 한 가정이 매주 버리는 종이와 카드가 평균 8.5킬로그램이라고 한다. 이 중 절반은 신문과 잡지다. 미국에서는 매년 8,500만 톤의 종이와 박스가 버려진다고 한다. 이 가운데 80퍼센트 이상이 매립지의 축축한 쓰레기더미 아래 묻히게 된다. 종이는 메탄을 뿜어내는 박테리아에게 바나나 껍질만큼 호사스러운 먹이는 아니다. 하지만 이를테면 식전에 먹는 전채 요리처럼 곁들이기 좋은 것이다.

종이의 경우 재생이 갈수록 좋은 대안이 되고 있다. 막대한 쓰레기를 만들어 내며 나무를 베어 가공할 필요가 없으면서도 엄청난 에너지를 줄일 수 있다. 오스트레일리아에서는 종이를 만들 때 나오는 온실가스가 매년 1,200만 톤이 넘는다. 재생 종이를 쓰면 같은 양의 종이를 처음으로 만들 때보다 에너지가 3

분의 1에서 3분의 2정도 적게 든다. 그래서 재생지를 1톤 사용하면 온실가스 배출을 2.5톤 정도 줄일 수 있다. 일요판 신문을 쓰레기통에 버리지 말고 재생하면 온실가스를 2.5킬로그램이나 줄일 수 있다는 이야기다. 그렇게 1년을 하면 150킬로그램을 줄일 수가 있다.

재생이나 쓰레기에 대한 경각심을 일깨워 주는 단체의 소식지나 홈페이지의 모토는 "줄이자, 재활용하자, 재생하자"이다. 쓰레기통으로 가는 물건 1톤에 대해, 그만한 양을 만들려면 추가로 5톤의 쓰레기가 발생하며, 자연에서 뽑아 낼 때에는 자그마치 20톤의 쓰레기가 발생한다고 한다. 이 말은 콩 통조림을 만드는 데 들어간 철광석을 광산에서 캘 때 사용된 자원이나, 통조림 캔에 붙이는 종이 라벨을 만들기 위해 벌목 회사가 숲에 길을 낼 때 사용된 자원을 전부 고려했다는 뜻이다.

버려지는 물건의 양을 줄이는 지름길은 우선 포장을 덜 하는 것이다. 우주에 나갔다가 돌아와도 끄떡없어야 한다는 듯, 우리는 모든 것에 포장을 하고 또 한다. 어떤 가게에서는 바나나 한 개에도 열을 차단하는 진공 비닐 포장을 한다. 아시다시피 과일은 아주 간편한 천연 포장인 껍질이 있지 않은가. 햄버거 가게도 문제다. 여러분은 일주일 권장치 이상의 지방을 섭취하기 위해 한 시간분의 급여를 지불하는데, 심장 질환을 잘 일으키는 이런 햄버거와 함께 폴리스티렌 용기와 냅킨, 포장지, 포장 상자, 컵, 뚜껑 같은 것들이 줄줄이 달려 온다(운이 좋으면 경품 장난감도). 나는 이 모든 것이 결국은 소비자들이 기름기 가득한 햄버거와 눅눅한 감자 튀김에 불구한 것에다 어렵게 번 돈을 갖다 바친다는 사실을 숨기기 위한 것이라고 생각한다. 그래서 패스트푸드점에서 한참 떨어진 곳에 있는 쓰레기통도 꽉 차있는 경우가 흔한 것이다. 이렇게 과도한 포장을 건강과 안전의 문제로 설명하려는 경향도 있다. 즉 병균을 막지 못하더라도 햄버거와 감자 튀김에 세 겹의 폴리에틸렌 포장을 할 필요가 있다는 것이다. 하지만 포장을 지나치게 하는 것은 공공의 안전보다는 상품 마케팅을 고려한 결과다.

미국에서 버려지는 쓰레기 가운데 거의 3분의 1이 포장이라고 한다. 최근에 조사한 바로는 매년 약 7천만 톤이라고 하는데, 그중에 2천만 톤이 플라스틱 재질이다. 영국에서는 9백만 톤의 포장 쓰레기가 버려지는데, 빵에서부터 바나나에 이르기까지 모든 물건의 절반이 플라스틱(비닐) 포장이라고 한다. 비닐은 바람이 많이 부는 날 흔히 나무를 장식하곤 하지만 나무에서 나는 게 아니다. 바나나에 공기가 들지 않도록 하기 위해 엄청나게 사용되며 전 세계의 많은 사무직 노동자의 손에 상처를 내기도 하는 비닐 포장은 현대 세계의 너무나도 한정된 연료에서 비롯된다. 그것은 바로 석유다. 세계 석유의 약 4퍼센트가 플라스틱의 원재료로 사용되며, 추가로 3~4퍼센트가 플라스틱 제조에 들어간다고 한다. 이는 쿠웨이트와 이라크가 한 해에 생산하는 석유의 양과 같다.

나와 카본 가족처럼 쓰레기 분리수거를 해 보았다면 틀림없이 플라스틱이 좀 까다롭다는 것을 알 것이다. 종이나 병이나 캔은 길거리에도 분리수거 통이 있는 경우가 많은 데 반해 플라스틱은 지자체의 사업에도 언제나 미운 오리새끼다. 슈퍼마켓에 가도 온갖 색깔의 유리병을 분리하기 위한 통들이 줄지어 있고, 신문과 섬유를 위한 큰 통들이 있다. 그런데 플라스틱은 어떤가? 어떤 나라에서는 오래 찾아봐야 발견할까 말까다. 영국과 미국의 플라스틱 재생률은 5퍼센트가 되지 않으며, 그만한 수치도 당장은 늘어날 것 같지가 않다.

　문제는 플라스틱이 과연 얼마나 만들기 쉬우며, 얼마나 다양하고 부피를 많이 차지하느냐다. 지자체나 기업체에서 유리나 금속이나 종이를 재생하여 수익을 얻는 경우가 꽤 있는 데 반해 플라스틱 재생은 그만큼 돈이 되지 않는다. 게다가 분리하기도 아주 어렵다. 유리는 색깔별로 나누면 되기 때문에 어려울 게 없다. 캔의 경우 알루미늄과 철을 구분하면 된다. 유리에 비해 좀 까다롭긴 하지만 라벨이 붙어 있거나 자석만 있으면 문제없다. 그런데 플라스틱은 아주 복잡해진다. 종류가 50가지는 되기 때문이다. 다행히 미국 플라스틱 공업 협회가 그것을 일곱 개의 유형으로 나누긴 했다. 예컨대 그중 하나인 "고밀도 폴리우레탄"(샴푸 통 같은 것)의 경우 1톤을 재생하면 1.4톤의 온실가스 배출을 막을 수 있다.

　플라스틱을 수거해서 재생하는 경향이 늘어나고 있다는 것은 다행이다. 지금은 인터넷을 검색해 보면 재생한 플라스틱 병으로 만든 털에서부터 플라스틱 마개로 만든 비닐 가방에 이르기까지 온갖 것을 온라인으로 주문할 수 있다. 플라스틱이더라도 쇼핑백 같은 경우에는 종종 "재활용"의 범주에 들기도 한다. 영국에서는 매년 자그마치 80억 개의 쇼핑백을 손님에게 공짜로 주고 있다. 한 사람당 130개나 되는 숫자다. 서구 세계의 주방 서랍에는 이런 봉지들이 가득하다. 물론 그보다 더 많은 것들이 거리를 날아다니거나 하수구를 틀어막고 있다. 이것은 보기에 흉할 뿐만 아니라 돈과 생명을 요구하기까지 한다. 인도에서는 여러 지역에서 비닐봉지 사용이 금지되었는데, 하수구를 막아 위생에 지장을 주기 때문이다. 그 때문에 많은 동물종이 위험에 처하기도 한다. 오스트레일리아 인근 해역에서는 떠다니는 비닐봉지를 먹이로 착각하고 삼킨 거북, 고래, 물개, 새들이 늘어나고 있다. 아일랜드에서는 비닐봉지에 세금을 부과하자 사용량이 90퍼센트나 줄었고, 쓴다고 해도 버리기보다는 재활용을 하는 경우가 많아지게 되었다.

봉지로 쓰는 용도 말고 플라스틱을 재활용하려는 시도는 안타깝게도 출발이 좋지 않았다. 예를 들어 영국의 화장품 업체인 보디숍의 경우 자사의 화장품을 구매한 고객에게 같은 용기를 계속해서 쓸 수 있도록 리필 서비스를 제공한 적이 있다. 그러나 이용객이 1퍼센트밖에 되지 않아 결국 2003년에 이 서비스를 폐지하고 말았다.

그러면 이제 그 누구의 쓰레기통에서도 발견되어서는 안 되는 것들, 즉 유리와 금속에 대해 알아보자. 서구의 가정은 한 해 평균 500개의 유리 단지나 병을 쓴다. 영국의 경우 매년 200만 톤의 유리 용기를 사용하며 그중 4분의 1을 재생한다. 이는 약 절반을 재생하는 나머지 유럽 국가들에 비해 저조한 성적이다. 스위스의 경우 자그마치 95퍼센트까지 재생한다. 유리를 만들려면 열이 많이 필요하기 때문에 에너지를 많이 써야 한다. 재생을 하면 이렇게 만드는 과정에 드는 에너지를 크게 줄일 수 있으며, 원재료를 채굴하는 데 드는 에너지도 그만큼 줄일 수 있다. 유리를 1톤 재생하면 원재료 1.2톤이 절약되며, 온실가스 배출이 300킬로그램 줄어든다.

금속의 경우도 마찬가지다. 주로 캔의 형태로 보급되는 금속 용기를 재생하면 원재료에 드는 에너지를 그만큼 줄일 수 있다. 철 1톤을 새로 만들어 내려면 철광석 1.5톤과 석탄 0.5톤이 필요하다고 한다. 그래서 재생을 하면 새로 만드는 데 드는 에너지의 70퍼센트를 줄일 수 있다. 알루미늄을 재생하면 훨씬 더 큰 기후상의 혜택이 있다. 알루미늄 1킬로그램을 재생하면 그 무게의 14배에 해당하는 온실가스의 배출을 막을 수 있다. 에너지 사용과 온실가스 배출량의 90퍼센트 이상을 줄일 수 있다는 것이다.

가정에서 나오는 쓰레기의 4퍼센트를 차지하는 것은 섬유다. 구멍 난 셔츠나 짝이 없는 양말, 입으면 가려운 점퍼 등을 버린 것이 영국에서만 매년 150만 톤이 넘는다고 한다. 의류를 재생하면 제조, 운반, 그리고 새로운 원재료와 염색 공정이 없어도 된다. 그리고 면이나 모직 같은 천연 섬유의 경우, 재생을 하면 메탄 배출자의 맛 좋은 먹이를 더 빼앗는 효과가 있다.

마지막으로 "기타"로 분류된 것 중에는 커피를 엎지른 컴퓨터 키보드, 새로 선반을 짜 보려다가 실패해서 버려지는 목재 조각들, 방금 말한 선반이 벽에서 떨어지는 바람에 깨진 "찰스와 다이애나" 머그 잔 같은 것들이다. 이 중 일부는(예컨대 키보드는) 전문가들의 손을 거치면 재생될 수 있다. 찰스와 다이애나 머그 잔 같은 것들은 화분 물구멍을 막는 데 쓰거나 매립지의 수많은 미생물의 호화로운 피난처가 될 수 있다. 물론 쓰레기밖에 될 수 없는 것도 있기 마련이다. 하지만 우리가 버리는 것 가운데 절반 이상은 다른 운명을 맞을 수 있다.

이제 쓰레기통이 눈에 띄게 가벼워진 것 같다. 줄이고(지나친 비닐 포장에 든 바나나 한 개), 재활용하고(주방 서랍에 가득 든 비닐봉지), 재생함으로써(퇴비 상자 안에 든 지렁이 천 마리) 우리는 쓰레기로 인한 온실가스 배출을 2톤에서 1톤으로 줄였다. 마을, 지역, 국가 차원에서 그런 행동을 한다면 배출량 감축이 엄청날 것이다.

이러한 점을 인식한 몇몇 국가는 장기적인 안목에서 가정에 재생용 쓰레기통을 무료로 공급한다든지, 거리에 여러 종류의 분리수거 통을 설치한다든지, 지역 단위의 처리 장치를 마련한다든지, 무료 퇴비 상자를 제공하고 있다. 독일의 경우 여기서 한 걸음 더 나아가 재생을 하지 않는 사람들에게 과태료를 부과하고, 제조업체에게는 포장 용기의 70퍼센트를 회수하도록 하고 있다. 이로 인한 잠재력은 대단하다. 미국의 경우 쓰레기 재생률을 지금의 30퍼센트에서 5퍼센트만 늘려도 약 3,600만 톤의 온실가스 배출을 막을 수 있다. 이는 1인당 100킬로그램 이상의 양이다.

나를 미치게 하는 정원이지만, 괜찮아

쓰레기통이 넘쳐나게 하는 대신 퇴비 상자를 쓴다면 작물을 길러 먹을 때가 되었다. 수시로 사먹고 흔히 비행기로 수입되는 과일과 채소를 심어 먹는다는 것은 지구온난화와의 싸움에서 뒤뜰의 위력을 과시할 수 있는 지름길이다.

케이트 카본은 정원을 아주 아낀다. 그녀는 계절이 바뀔 때마다 자기가 가꾼 정원의 빛깔과 질감이 바뀌는 것을 너무 좋아한다. 그녀는 주말과 저녁을 주로 풀을 베고, 땅을 파고, 씨앗을 뿌리고, 거두면서 보낸다. 카본 가족이 지금 사는 이 집에 처음 이사를 왔을 때는 정원이 엉망이었다. 울타리는 잔디와 뒤섞여 있었고, 엉겅퀴와 블랙베리는 키만큼이나 자라 있고, 구석 어딘가에는 낙엽에 덮인 연못도 하나 있었다.

케이트와 존은 첫해에는 정원을 그대로 내버려 두었다. 집안에 할 일이 태산이었기 때문에 바깥을 돌볼 겨를이 없었던 것이다. 두 번째 봄이 되자 케이트는 집안의 방을 거의 새로 꾸몄다. 벽지나 커튼 같은 것을 보면 진저리가 날 지경이었다. 설사와 비슷한 누런색의 화장실 벽을 옅은 분홍빛으로 세 번 칠하고 나서 그녀는 뒤뜰로 이어진 계단에 앉아 커피를 마셨다.

그녀 앞에는 엉겅퀴와 찔레가 엉망으로 엉켜 있었는데, 그 사이로 여기저기 작은 꽃들이 솟아나고 있었다. 되는 대로 손보지 않고 놔둔 땅에서 나름대로 생명이 돋아나고 있었다. 그녀는 새로 돋아나는 풀을 뽑아 냄새를 맡아 보았다. 향긋한 박하였다. 그래서 어떤 풀들이 자라는지 대강 살펴보니 세이지도 있고, 타라곤도 있고, 타임도 있었다. 도자기로 만든 오래된 하수구에서는 민트도 자라고 있었다. 케이트는 반하고 말았다.

그해부터 케이트는—그리고 설득이 되면 존도—정원 일을 하기 시작했다. 여기저기서 풀을 베거나 땅을 갈다 보면 묵혀 있던 보물들이 발견되었고, 정원을 새롭게 가꿀 아이디어도 떠올랐다. 그해 7월 말에는 정원 바닥에 있던 사과나무에서 탐스러운 사과가 하나 열렸다. 먹을 만한 정도가 아니라 아주 맛이 좋았기 때문에 케이트는 또 한 번 크게 놀랐다.

케이트의 계획은 시원시원했다. 울타리는 원래 자리로 보낸다, 작은 잔디밭을 살린다, 연못을 다시 파낸다, 찔레를 잘라 낸다, 약초밭과 채소밭을 다시 튼다. 저녁이 다가오고 깨끗이 치운 연못의 개구리들이 울기를 멈출 무렵까지도 카본 부부는 할 일이 많았지만 이미 진도를 많이 나갔고, 케이트는 겨우내 이듬해에는 무얼 할지 궁리를 했다. 이듬해에 카본 부부는 처음으로 채소밭에 씨앗을 뿌렸고 얼마 뒤 처음으로 수확의 맛을 보았다. 결과야 어쨌건 좋았다. 못생긴 당근 세 개, 호박이라고 부르기엔 민망한 열매 약간이 전부였지만 맛은 더없이 좋아서 두 사람은 다음 해에는 더 실한 것을 많이 길러 보기로 작심했다.

그래서 정원 둘레와 화단에도 채소를 심기로 했다. 토요일 아침이면 원예 용품점에 가는 것이 일과가 되었다. 조지와 헨리가 따라갈 경우 커피숍에 가서 케이크를 사주면 잠시 조용해져서 좋았다. 정원 바닥에 쌓여 있던 잡초더미는 큼직한 퇴비 상자에 넣어 두니 질 좋은 거름이 되어 화단에 뿌릴 수 있었다. 존은 딱히 식물의 세계에 반한 경우는 아니었으나 거름 만드는 일을 열심히 해 주었다. 매주 그는 퇴비가 얼마나 만들어졌는지 확인했고, 풀 벤 것과 잘게 자른 종이상자를 섞어 주었으며, 아이들이 다루기 힘든 잡초를 포기하면 주의를 주었다. 한번은 그가 원예 용품점에 갔다가 지렁이 퇴비 상자를 사 왔는데, 식탁에서 나온 음식쓰레기를 단번에 먹어치우는 것을 보고 케이트가 몹시 놀라기도 했다.

해가 갈수록 카본 부부가 온갖 것들을 다 심자 채소밭은 그만큼 커져 갔다. 한번은 콩을 심었는데 엄청나게 열리는 것을 보고 모두가(친구, 이웃, 직장 동료들까지) 놀랐다. 또 한번은 예상 밖으로 당근이 너무 많이 열려 두 주 동안 점심 식사로 당근 수프, 당근 카레, 당근 샐러드, 당근 볶음을 내놨더니 조지와 헨리가 단식 투쟁에 들어가기도 했다. 카본 부부의 경험이 늘면서 쓸모 있는 작물의 수확도 껑충 뛰자 케이트는 이렇게 텃밭을 가꾸면 생계에도 큰 도움이 된다는 것을 알게 되었다. 돈이 많이 남는 것은 아니었다. 슈퍼마켓에서 채소를 거의 사지 않아도 되자 식료품 비용이 크게 줄긴 했지만, 주말에 원예 용품점에 가서 그만큼 많이 썼기 때문이다. 하지만 그녀가 풀 한 포기라도 더 잘 뽑아 주면 채소를 살 필요 없이 네 식구가 여름 내내, 그리고 가을에도 한참 동안을 지낼 수 있다는 건 대단한 일이었다. 이제 카본 가족은 전보다 형편이 좋아졌지만 슈퍼마켓에서 파는 대량으로 생산된 것이 아닌 집에서 만든 애플 퓨레를 먹을 수 있다는 건 큰 기쁨이다. 그래서 케이트는 텃밭을 더 적극적으로 가꾸려는 마음을 먹고 있다.

올해 그녀는 꽃밭 테두리의 일부에 까막까치밥나무와 배나무를 심으려 한다. 그녀의 목표는 주말에 장을 보러 가더라도 채소나 과일 코너는 그냥 지나치는 것이다. 물론 그렇다고 가족들이 비타민 C 부족으로 괴혈병에 걸리는 일은 없도록 할 것이다. 한편 존은 유리 온실을 지을 생각을 하고 있다. 그는 이미 귤나무와 칠리고추를 기른다는 꿈을 꾸고 있다. 동네 바비큐 파티 때 이웃집 테드가 존이 만든 칠리소스를 맛보고 눈물을 흘릴 생각을 하면 절로 웃음이 난다. 온실이 있으면 오이와 토마토를 더 자주 먹을 수 있을 것이다. 게다가 기온이 떨어지고 낮이 짧아지면서 뒤뜰에 가서 저녁상에 올릴 푸성귀를 얼마 거둘 수 없는 가을에도 싱싱한 샐러드를 만들어 먹을 수 있을 것이다.

카본 가족의 정원이 주는 분명한 혜택 — 운동, 기쁨, 확실히 믿고 먹을 수 있는 채소와 과일 — 말고도 케이트의 텃밭 가꾸기는 가족의 온실가스 배출을 줄이는 데도 큰 몫을 한다. 앞서 살펴보았듯이 우리가 먹는 식품은 흔히 값비싼 기후변화의 꼬리표를 달고 있다. 특히 먼 거리를 이동한 것들은 더욱 그렇다. 채소밭과 과실수와 온실을 늘림으로써 줄일 수 있는 온실가스는 1톤 정도 된다.

정원 손질한 것과 주방의 음식쓰레기로 퇴비를 만드는 것뿐만 아니라 정원에서 채소를 기르는 일은 가정이 지구온난화에 끼치는 악영향을 크게 줄일 수 있다. 실외에서 온난화를 부채질하는 활동을 할 위험을 줄이기 위해 할 수 있는 일들이 또 있다. 사정이 허락할 경우 정원에 나무를 심으면 배출량이 줄어들 수 있다. 나무는 자라면서 대기 중의 이산화탄소를 빨아들일 뿐만 아니라(나무 1세제곱미터당 800킬로그램을 가둔다) 여름이면 시원한 그늘을 드리움으로써 에어컨을 잠재울 수 있다. 정원에 나무 그늘이 더 많고, 물 주는 일에 좀더 신경을 쓰고, 잔디를 줄이고, 가뭄에 잘 견디는 식물을 더 심으면 물 사용을 최소로 줄일 수 있다. 이제는 비가 많은 영국에서조차 급증하는 물 공급 수요를 충당하기 위해 탈염 공장을 세우려 하고 있다.

	줄이기	재활용	재생	퇴비	텃밭 가꾸기
온실가스 절감량	최대 (70%)	(30%)	(30%)	(최대 50%)	(최대 100%)

표 4 뒤뜰에서 줄일 수 있는 온실가스 배출량(한 해 한 가구당 2톤으로 가정할 경우)

　마지막으로 정원에 대해 이야기할 게 또 있다. 정원은 실내의 연장 공간이 되면서 가구니 액세서리니 기계류니 장난감 등이 놓이는 공간이 되기도 한다. 정원 장식물을 적게 사면 주방에 파스타 제조기나 욕실에 코털 제거기를 들여놓지 않는 것처럼 온실가스를 줄일 수 있다. 물건이 줄어들면 그만큼 들어가는 에너지도 줄어든다. 정원에 필요한 기계를 선택하는 것도 중요하다. 비교적 작은 정원일 경우 엔진 달린 잔디깎이 말고 "밀어서" 쓰는 것으로 바꾸면 매년 40킬로그램의 배출량을 더 줄일 수 있다. 아니면 자동차 함께 타기의 경우처럼 가까운 이웃들과 잔디깎이를 함께 쓰는 방법도 있다. 실외 난방기는 어떻게 할까? 저녁 때 모여 실외에서 인공 난방을 한 번씩 할 때 대기 중으로 방출되는 온실가스가 10킬로그램이 넘는다. 이런 식으로 배출되는 양이 한 해에 3분의 1톤 정도 된다. 실외에서 모일 때는 난방기 대신 점퍼를 하나 더 걸치자. 필요하면 나에게 편지를 하시라. 나는 아내 덕분에 털 점퍼를 많이 갖고 있다.

　재생을 하건 쓰레기통을 줄이건 정원에 채소를 심건, 뒤뜰에서 온실가스를 줄일 만한 동기는 크다. 이미 그렇게 하고 있는 분들이 많을 수도 있다. 그렇지 않다면 말라리아나 암을 유발하는 실외 파티에 대한 두려움 때문에 당장 생활을 바꿀 분들도 있을 것이다. 만일 그마저도 아니라면 기계를 사랑하고 석유 쓰기를 좋아하는 회의론자들의 행동을 바꿀 수 있는 게 있다. 그 것은 바로 돈이다.

6

지구온난화로 인한 경제적 손실

에너지 절약을 다룬 소책자의 첫 페이지를 넘기면, 젠체하는 표정으로 에너지 효율이 가져다주는 경제적인 이점을 강조하고 있는 사람들을 볼 수 있다. 오래전부터 소책자 제작자나 정책 입안자들은 우리의 호주머니를 건드리면 당장 행동을 유발할 수 있다는 사실을 알고 있었다. 이러한 당근 작전 — 집에 단열을 잘 하면 5년 만에 새 차를 살 수 있다거나 몰디브에 휴가를 갈 수 있다는 식 — 은 이미 익숙한 것이다. 하지만 이미 간파한 분들도 있겠지만 여기에는 결함도 있다. 가정에서 난방비를 적게 쓰면, 돈이 절약되고, 그러면 더 큰 차나 더 긴 휴가를 즐길 수 있다는 이야긴데, 이는 사실 오염을 교환하는 것에 불과하다. 즉 가정 난방에 드는 에너지를 줄이는 대신 비행기를 더 타거나 물건을 더 삼으로써 에너지를 더 쓰는 것이다.

우리가 버는 모든 돈, 우리 생활의 모든 여가는 그 돈을 쓰고 그 여가를 보내기 위해 무언가를 만들어 내도록 한다. 우리는 쇼핑몰에 가서 물건을 사며 주말을 여유 있게 보내기 위해 열심히 일을 한다. 하지만 아무리 열심히 일을 해도, 연봉이 아무리 많고 대출 기간이 아무리 연장된다 해도, 더 사야 할 물건들은 언제나 있다. 환경 운동은 항상 이런 문제에 부딪친다. 환경 운동가들은 우리더러 덜 쓰라고, 눈만 뜨면 뭔가를 살 생각만 하는 소비주의를 거부하라고, 미래 세대를 위해 지구를 보존하라고 한다. 하지만 우리는 퇴비 변기를 갖추고 나면, 뒤뜰에 양을 키우기 시작하면, 빈방에 베틀을 들여 놓고 나면, 그 다음엔 뭘 사야 하는지 알고 싶어 한다. 그렇다면 이제 우리는 어디서 쇼핑 치료(쇼핑으로 우울한 기분을 전환하는 것을 말한다—옮긴이)를 받을 수 있단 말인가?

답은 정부에서 더 많은 사람들에게 홍보하려고 치과 병원 대기실에 배포하는 소책자에서 흔히 볼 수 있는 것이다. 가정에서 단열을 더 잘 함으로써 기후변화를 줄일 수 있다는 사실을 안다면, 절약한 돈을 다른 곳에 잘 쓸 수도 있다. 여기서 지속 가능성이란 말을 표어로 내걸어도 좋겠다. 돈과 기후변화가 현실의 긴박성을 알려주고 함께 밀고 당기면서 우리를 이 험난한 길로 인도할 수 있다.

여러분이 집의 단열을 향상시켰다고 하자. 5년이면 비용을 모두 뽑을 수 있다. 조금 달리 보면, 기차를 우등석으로 타거나,

승용차를 이중 연료형으로 개조하거나, 자신이 사는 곳에서 난 푸드 마일이 적은 제철 음식을 먹는 데 쓸 수 있는 돈을 절약했다고 할 수 있다. 충분히 절약을 한다면 그 돈으로 태양열 온수기를 달거나, 심지어 매달 몇 시간씩 일을 덜 할 수도 있다. 아니면 절약한 돈으로 통장의 마이너스 금액을 줄일 수도 있다.

돈과 기후의 관계는 에너지 절약형 전구를 씀으로써 전기 요금을 줄이는 정도에서 그치지 않는다. 기후변화가 우리 삶에 끼칠 다양한 방식은 우리 호주머니에도 영향을 끼칠 것이다. 우리에게 닥칠 미래는 우리의 부동산, 자동차, 정원, 건강이 입을 피해를 복구하는 데 추가로 비용이 들어갈 미래다. 더군다나 우리의 배출량을 줄이고, 정부가 해수면 상승과 작물 수확량의 감소와 더 심해지는 폭풍우 등에 더 잘 대처할 수 있도록 세금도 치솟을 것이다.

관광 산업의 종말

앨라배마에 있는 카본 씨 가족의 집에는 큰 변화가 일어나고 있다. 우리처럼 지구온난화의 계산서 액수를 올리느라 바쁠 세대의 일원이 태어나는 것은 아닐 것이다. 케이트 카본은 주로 그렇듯이 정원에 나와 있다. 그녀의 배는 부를 대로 불러서 발치에 있는 잡초가 제대로 보이지 않으며, 허리도 끊어질 듯이 아프다. 뒤뜰로 나서는 계단에 털썩 주저앉은 케이트는 잘 자라고 있는 밭을 보며 탄성을 지른다. 당근이 줄줄이 잘 자라고 있고, 호박도 무럭무럭 크고 있다. 나중에 잘 삶아서 으깨면 훌륭한 이유식이 될 것이다. 하지만 아기를 먹이는 행복한 시간은 아직 더 기다려야 한다. 당장은 허리가 더 아파지고, 전에 없이 강한 진통이 왔다. 존에게 전화를 걸 때가 된 것이다.

열두 시간 뒤, 분만실에서 열여섯 번의 시도 끝에, 카본 부부는 아주 씩씩하게 우는 건강한 딸을 얻었다. 할머니가 조지와 헨리를 데리고 들어온다. 각각 아기의 네 배는 됨직한 곰 인형과 진짜 기차 소리가 나는 보행기를 들고 있다. 창백하지만 미소를 짓고 있는 케이트와 꼭 감싼 아기 주위로 카본 가족이 모였다. 제일 먼저 해결해야 할 문제는 "아기 이름은 뭐로 할까?"이다. 제안은 루비(할머니 왈 "너희 고모할머니 이름이지")에서부터, 벨린다(조지 왈 "내 토끼도 여자거든요"), 버피(헨리 왈 "나는 여덟 살이고, 그녀는 내 영웅이에요")에 이르기까지 제각각이었다. 존과 케이트는 이미 이름을 정해 두었다. 이렇게 루시 카본이 태어난 것이다.

루시는 지구상에서 제일 잘 살고 힘이 센 나라의 유복한 가정에 태어났다. 루시는 개발도상국의 아기들은 꿈도 못 꿀 기회를 누릴 수 있지만 , 그렇다고 해도 역시 평생 점점 심해져 가고 빨라져 가는 기후변화와 싸워야 하고, 윗세대의 방탕함에 엄청난 혐오감을 느낄 것이다. 아이들이 부모 세대를 혐오할 만한 이유가 있다면 그것은 루시 카본과 그 동시대인들이 지구온난화의 피해를 고스란히 입기 때문이다.

루시는 아직은 그런 문제에 대해서는 모른다. 지금은 엄마의 젖에만 관심이 있을 뿐이다. 아무튼 루시는 나중에 은행 업계에서 화려한 경력을 쌓아 가게 되어 있다. 28년을 앞질러 가 보니 (시간여행을 했다고 치자) 루시가 한창 커 가는 다국적 은행 홍보 부서의 팀장으로 일하고 있는 게 보인다. 스물여덟이 된 루시의 주변에는 아직도 샌프란시스코에 있는 팀과 회의를 하기 위해 매주 미국까지 비행기로 출장을 다녀오거나 야간 비행편으로 취리히 지사 사람들을 만나고 온 사람들이 태반이다. 이제 루시는 치솟는 항공 요금과 화상회의의 편리함 때문에 웬만하면 비행기를 타지 않는다. 덕분에 일주일에 한 번 열리는 국제회의도 책상에 앉아 편안히 참석할 수 있게 되었다.

루시의 사무실 창밖으로 보이는 주차장은 알아볼 수 없을 정도로 변했다. 자동차는 지금에 비해 작아졌고 수도 줄었다. 주차장 공간도 울타리 쪽으로 많이 밀려났고, 건물과 가까운 공간은 자전거 보관대로 변했다. 10여 년 전부터 자전거 구입 보조금이 지급되었고, 자전거로 통근하기가 너무 먼 사람들의 경우 자동차 함께 타기가 필수가 되었다. 혼자 승용차를 몰고 오는 사람은 안 그래도 비싼 주차비를 두 배나 내야 한다.

루시가 일하는 건물도 달라졌다. 지금의 회사 빌딩처럼 번쩍번쩍하고 기능적이지만 건물 안으로 들어오면 에너지 효율이 훨씬 더 높아졌다. 벽과 바닥은 최고급 단열재를 쓰고, 창은 자연 채광과 자연 냉방을 최대한 이용하는 위치에 있고, 입구의 회전문조차도 열을 덜 빼앗기도록 설계되어 있다. 여기에는 쓰레기통을 뒤져도 찌그러진 재생용 접시 같은 것을 볼 수 없다. 이제 이 건물에서는 각 회사마다 재생 및 에너지 절약 정책을 수립하는 것이 규정되어 있다. 건물 층마다 에너지 전담 관리자가 있으며, 층별로 매년 환경 감사를 받아야 한다. 온도 조절 장치와 조명의 정도는 최적을 유지하도록 규제를 받고, 사무기기의 전기 및 종이 절약 옵션은 고정되어 있으며, 재생 가능한 것을 쓰레기통에 자꾸 버리는 사람은 경고 조치를 받는다.

사무실 곳곳에 붙어 있는 달력의 날짜 칸에 금이 그어지면서 에너지 절약형 냉수기에 대한 이야기 대신에 휴가 계획 이야기가 주를 이룰 무렵이 되면 더 큰 변화가 보인다. 이제 비행기를 타고 다니는 휴가는 대부분의 사람들에게 있을 수 없는 것이 되어 버렸다. 온실가스 배출 세금이 엄청날 뿐만 아니라 지구온난화에 대한 우려가 커지면서 국내 여행이 붐을 이루게 되었기 때문이다. 세계 여행 지도를 바꾸어 버린 것은 기후변화에 대한 의식 때문만은 아니다. 루시가 태어나기 전부터 카본 가족은 이미 휴가에 대한 생각이 바뀌었다. 그녀가 온라인 브로슈어를 뒤적일 차례가 된 무렵, 많은 사람들이 몰려가는 인기 여행지 가운데 일부는 여행객의 레이더에서 완전히 사라져 버렸다. 그곳들이 절정을 이룰 때의 흔적은 이제 빛바랜 엽서에서나 볼 수 있게 되었다.

카본 가족에게 너무 더워진 멕시코와 마찬가지로 — 한때는 태양을 찾는 미국인들이 수없이 몰리던 곳이었다 — 유럽의 볕 좋은 곳들도 날씨가 너무 더워지면서 경기의 활력을 북쪽에 내주고 말았다. 원래는 여행객들의 선물로 여겨지던 비행기 여행이 많은 사람들에게 저주가 되어 버렸다. 20세기에 무수한 사람들을 실어 날랐던 그 비행기가 기후변화를 부채질하더니 이제는 여행객들을 떠나보내 버린 것이다.

한때 산호초는 카리브 해, 오스트레일리아, 동남아시아의 리조트로 엄청나게 많은 사람들과 관광 수입을 끌어들였다. 루시가 물속에서 휴가를 보낼 상상을 할 무렵은 상당수의 산호초 휴양지가 해수면 상승, 과도한 어로漁撈, 오염 때문에 사라져 버린 뒤다.

지금은 스쿠버다이빙이나 스노클링 등을 위주로 하는 관광이 카리브 해 지역에 가져다주는 수입이 매년 20억 달러나 된다. 여기에 산호초가 수산 업계에 가져다주는 가치와 바다를 보호해 주는 가치를 더하면, 이 일대에서 거두어들이는 수입은 매년 30억~45억 달러나 된다. 그런데 2015년이면 이러한 수입이 매년 3억 달러 넘게 곤두박질칠 것으로 보인다. 관광객들이 훼손이 덜 된 해변에 가서 폼을 잡으려고 카리브 해를 그냥 지나쳐 버릴 것이기 때문이다.

한참 아래로 내려와서, 그레이트배리어 산호초는 현재 오스트레일리아 관광 업계에 40억 오스트레일리아 달러 이상의 수입을 올려 주고 있다. 여기서도 산호, 산호초에 사는 야생동물, 산호에 의존에서 사는 사람들의 생계에 대해 비슷한 위협이 명백히 존재한다. 일부 과학자는 이번 세기 중반에 이곳 산호의 95퍼센트가 사라질 것이라고 예측한다. 2020년이면 이 정도의 몰살이 치를 경제적 비용이 80억 오스트레일리아 달러이고, 12,000명이 일자리를 잃을 것으로 보인다.

고인이 된 위대한 더글러스 애덤스는 『마지막 볼 기회』라는 책에서 멸종 직전의 여러 동물 종을 찾아가 본 이야기를 하면서 보호의 필요성을 강조한 바 있다. 생태계와 멸종 위기에 처한 생물종을 위해, 또 그것에 의존해서 사는 사람들을 위해 그러한 행동은 꼭 필요하다. 산호초와 마찬가지로 갈라파고스의 이구아나도, 뉴질랜드의 키위도, 보르네오의 오랑우탄도 관광객과 그들의 지갑을 끌어온다. 여러 곳의 생태계에 대한 피해와 각종 동식물의 멸종에 대한 우려는 "생태 관광"이라는 새로운 휴가 개념을 낳았다. 생태 관광은 많은 사람들의 예상보다 훨씬 빨리 매년 수십억 달러를 벌어들이는 산업이 되어 버렸다. 기본적인 전제는 열대 우림이나 사바나 같은 곳에 가는 사람들이 그곳의 생태계와 지역 경제를 보호해야 한다는 것이다. 그래서 생태 관광을 간 사람들은 염색한 산호 덩어리나 대량 생산된 오랑우탄 인형, 서서히 썩어 가는 코끼리 발판 같은 것이 아니라 사진이나 이야기를 안고 돌아와야 한다.

안타깝게도 해당 지역의 토산품을 사거나 환경에 피해를 덜 주면서 걸어 다닌다고 해서 해수면과 기온과 강수량의 급격한 상승을 막을 수는 없다. 기후변화 때문에 21세기 동안 모든 동식물—숲에서 소리를 지르는 긴팔원숭이에서부터 그들의 먹이인 벌레에 이르기까지—의 3분의 1 정도가 멸종할 것이라고 한다. 대개 우리가 포함된 먹이사슬의 아래와 위에 닥칠 알 수 없는 영향으로 생태계 전체가 훼손될 것이다. 자기가 사는 곳의 야생 동식물이 끌어들이는 관광 수입으로 먹고 사는 수많은 사람들의 생계는 마지막 긴팔원숭이의 외로운 울음과 함께 끝날 것이다.

그렇다면 루시에게 보르네오 정글로 가는 여행이나 세인트 루시아 공원에 스쿠버다이빙을 하러 가는 여행은 어려운 일일 것이다. 그러면 스키 여행은 어떤가? 높은 곳까지 간다면, 또는 리조트의 제설기가 충분하다면 문제가 없겠지만, 루시가 태어날 때 사람들이 떼를 지어 몰려들던 많은 휴양지는 그녀가 리프트 무료 이용권을 처음으로 모으기 오래전에 이미 없어졌다. 매년 눈이 1미터는 거뜬히 내리던 일부 지역에서도 눈 구경을 하기가 힘들어졌다.

나는 겨울이면 일기예보 채널을 여기저기 돌려보느라 시간을 많이 보낸다. 내가 사는 스코틀랜드 웨스트로디언에 눈 소식이 있는지 알아보기 위해서다. 그리고 며칠 밤 창밖을 내다보며 확률 5퍼센트의 눈이 올지 알아보곤 한다. 눈이 오면 따끈한 핫

초코도 마시고 눈사람도 만들면서 하루 집에서 일할 핑계거리가 생기기 때문이다. 하지만 눈이 오는 경우는 거의 없다. 그러면 나도 아내도 까칠해지곤 한다. 아내는 기후변화를 탓하며 끙끙거리거나 눈 몇 송이가 내린다고 반쯤 미친 듯 춤을 추는 남편 꼴을 견뎌야 하기 때문이다.

스코틀랜드에 사는 많은 사람들의 경우, 겨울에 눈이 안정적으로 오지 않으면 당장 일자리를 잃게 된다. 스코틀랜드의 스키 산업은 그리 큰 규모는 아니지만 매년 최대 3천만 파운드 정도는 되었다. 그런데 그 나마도 급격히 떨어지고 있다. 2004년 겨울에는 ─ 눈은 별로 안 오고 1월에 모기가 판을 친 것으로 유명한 겨울이었다 ─ 스코틀랜드의 다섯 개 스키 리조트 중에서 두 개가 문을 닫았다. 수입은 떨어지고 기온은 올라가면서 더 버틸 수 없자 팔려고 내놓은 것이다. 나머지 세 리조트의 앞날도 마찬가지로 어두우며, 앞으로 20년이면 산업 자체가 끝날 가능성이 많다. 스코틀랜드 스키 산업에 종사하는 수백 명의 사람들은 겨울에 눈이 녹듯이 일자리가 사라지는 것이 불가피해 보인다.

전 세계 스키 산업의 전망 또한 어둡다. 오스트리아의 경우 앞으로 30년 안에 설선雪線이 300미터 이상 높아질 것으로 보인다. 지구 반대편에 있는 오스트레일리아의 경우 2070년이면 현재의 스키 리조트 중 남는 것이 하나도 없을 것으로 보인다. 이들 리조트가 벌어들이는 수입이 한 해에 4억 오스트레일리아 달러 정도다. 초콜릿 상자 같은 샬레(산장)의 본고장이자 스키를 타고 난 뒤의 계산서가 설맹雪盲을 일으킬 정도로 비싼 스위스의 경우 230개의 스키 리조트 가운데 60퍼센트가 눈을 믿고 기다릴 수 없게 될 수 있다. 독일과 이탈리아의 경우도 마찬가지다.

물론 그래도 휴가를 떠나고자 한다면 어디서 누군가가 우리의 관광 달러를 벌어들일 것이다. 한 지역의 산호초가 엉망이 되는 한편 다른 지역의 산호초가 잘 보존된다면, 우리는 그곳으로 갈 것이다. 1997년에는 알프스 산비탈에 눈이 거의 오지 않았다. 대신 모로코에 눈이 많이 오면서 그곳의 스키 리조트로 사람들이 갑자기 많이 몰려들었다. 스코틀랜드의 스키 산업은 급격히 내리막을 달릴 것이다. 하지만 여름에 지중해가 너무 더워지면서 여행객이 스코틀랜드로 몰려드는 일이 벌어질 수도 있다.

"저지대 거주자는 보험에 가입할 수 없습니다"

엄청난 불확실성에 직면해야 하는 것은 관광 산업만이 아니다. 극심한 악천후 때문에 농민들은 순식간에 농사를 망칠 수 있다. 1998년에 미국과 캐나다에 닥친 얼음 폭풍 같은 것 때문에 소 떼가 몰살할 수도 있다. 1997년과 1998년에 닥친 엘니뇨로 인한 가뭄 등으로―뉴질랜드에서만 5억 뉴질랜드달러 이상의 피해를 입었다―농사를 깡그리 망칠 수도 있다.

땅에서 하는 일보다 바다에서 하는 일이 필요하다면, 기왕이면 어업보다는 항해를 하는 게 나을 수 있다. 조직적인 남획 때문에 세계 곳곳의 어족魚族이 바닥나고 관련된 일자리가 없어진 것은 부인할 수 없는 사실이다. 그런데 많은 경우, 예컨대 북해 대구의 경우 해수면 상승으로 그러한 황폐화는 더욱 빨라질 것이며, 영영 회복되지 못할 수도 있다. 남획의 영향과 지구온난화의 영향을 구분하기는 어렵다. 그러나 그 두 요인 때문에 대구 어획량은 1970년대의 25만 톤 이상에서 5분의 1 수준으로 떨어졌다. 영국의 경우 앞으로 5년 안에 대구가 시장에서 사라짐에 따라 15,000명의 어민들이 피해를 떠안게 될 것이다.

임업 종사자들도 마찬가지로 불확실한 미래를 맞이해야 한다. 이산화탄소가 늘어나면 어떤 나무들은 더 빨리 자라겠지만, 그만큼 병충해와 지속적인 가뭄의 피해를 입을 수 있으며, 폭풍우가 닥치면 숲의 더 많은 부분이 피해를 당할 수 있다. 이번 세기 동안 기온이 평균 2도 오른다면, 미국 숲의 나무들은 북쪽으로 320킬로미터 정도를 이동하는 게 이상적이다. 그 정도의 변화는 나무들이 천년에 걸쳐 뜨거운 남쪽을 피해 따뜻한 북쪽에서 적응을 한다면 문제가 없다. 100년의 시간이 주어진다면 매년 북쪽으로 3킬로미터 이상 이동해야 한다. 그러나 그만큼 빨리 이동하지 못하는 나무들이 많을 것이다.

그러는 사이 나무 의사들은 일이 바빠질 것이다. 1987년에 영국에 닥친 대폭풍으로 1,500만 그루의 나무가 쓰러졌다고 한다. 영국 켄트 주의 세븐오크스(참나무 일곱 그루)라는 유명한 마을은 "원오크(참나무 한 그루)와 꽤 큰 통나무"가 되어 버렸고, 전국의 나무 의사들은 하룻밤에 일 년치의 일을 따내게 되었다고 한다. 수리나 건설 분야의 일자리는 더 많아질 것이다. 지반 침하나 도로 파괴, 홍수 방재, 에너지 효율 향상 등의 일이 늘어날 것이기 때문이다.

존 카본의 직업인 보험도 거래하는 사람과 자산에 따라 대단히 불안정한 것이 될 수 있다. 현재 미국 사람 한 명이 매년 평균 2,500달러의 돈을 보험료로 지불하고 있다. 1980년대 중반부터 1990년대 말까지, 폭풍우와 홍수에서부터 토네이도와 가뭄에 이르기까지 온갖 악천후로 인한 피해액이 2,530억 달러였다고 한다. 이 중에서 40퍼센트에 대해 보험금이 지급되었다. 이 때문이 아니더라도 비용은 가파르게 올라가고 있다. 기후변화가 한몫을 하기도 하지만 사람들의 부富가 늘어나기 때문인 것도 있다. 해가 갈수록 더 많은 것을 소유한 더 많은 사람들이 더 심한 악천후가 지나가는 길에 자리를 잡고 산다. 보험업자들이 본질적으로 도박사라면, 승률은 갈수록 나빠지고 있다. 미국의 높은 생활수준과 많은 미국인의 재해 불감증을 고려할 때, 잠재적인 재산 피해는 엄청나다. 멕시코 만과 대서양 연안 일대에 즐비한 각종 건물이 갖는 가치를 합쳐 보라. 해변에 있는 콘도에서부터 궁궐 같은 대저택 등의 부동산 가치를 다 합치면 3조 달러가 넘는데, 그것들은 불어나는 바다 바로 옆에 늘어서 있다.

1990년 유럽에서는 홍수가 해안에 사는 사람 23,000명을 덮쳤다. 무슨 조치를 취하지 않으면 2080년대에는 매년 500만 명이 같은 꼴을 당할 것이다. 해수면이 1미터 상승하면 네덜란드인 350만 명 — 전체 인구의 4분의 1 — 이상의 집이 물에 잠길 것이다. 그로 인한 피해액은 1,860억 달러가 될 것이며, 200제곱킬로미터 이상의 땅이 파괴될 것이다.

날씨 관련 청구가 급증하면서 세계 각지의 보험회사들은 갈수록 어려운 시기를 맞고 있다. 존 카본이 지금 다니고 있는 회사에서 처음 일을 시작한 1969년부터 1998년 사이에 미국의 보험사 650곳이 파산했는데, 이 가운데 50곳은 자연재해의 직접적인 결과 때문이었다. 1992년의 허리케인 앤드류와 1998년의 얼음 폭풍 때문에 보험사들은 엄청난 비용을 치러야 했다. 따라서 보험사들은 더 나은 재해 모델과 건물의 위치에 대한 연구에 박차를 가하거나, 위험이 큰 보험은 포기하거나, 아니면 업계를 떠나야 했다.

1998년의 얼음 폭풍으로 치른 비용은 어마어마했다. 미국과 캐나다에서 80만 건 이상의 보험 청구가 있었고, 그에 대한 지급액이 10억 달러가 넘었다. 45명이 사망했고, 500만 명 이상이 정전 사태로 피해를 입었으며, 미국의 숲 7천여 제곱킬로미터가 손상당했다. 캐나다 노동자들은 10억 달러의 급여를 잃었고, 농민들의 경우 가축과 작물에 대한 손실로 2,500만 달러를 잃었다.

영국의 사정도 마찬가지다. 1990년대에 심한 폭풍우가 닥치면서 보험사들은 큰 손해를 여러 번 보았다. 1990년의 "다리아" 때문에 프랑스, 독일, 영국에서는 60억 달러 이상의 피해를 입었고 95명이 목숨을 잃었다. 바로 다음 달에는 폭풍우 "비비안"이 북해 연안을 덮치면서 40억 달러의 피해와 64명의 사망을 초래했다. 홍수 피해도 컸다. 1996년의 오드라 홍수로 중부 유럽에서는 100명 이상이 사망하고 50억 달러의 피해가 발생했다. 1950년대부터 1990년대에 이르기까지 재앙적인 악천후로 인한 지구 전체의 경제적 손실은 열 배가 늘었다. 1999년에 시드니를 강타한 우박 폭풍 한번으로 10억 달러의 피해가 발생했다.

보험사들의 밤잠을 설치게 만드는 이런 극심한 사태는 앞으로 더 잦아지고 심해지게 되어 있다. 따라서 보험료가 이미 많이 올랐고, 일부 지역은 홍수가 잦아 보험이 불가능하게 되었다. 머지않아 위험이 낮은 지역에 사는 집들도 심한 악천후로 인한 피해를 보상받으려면 보험료를 더 내야할지도 모른다.

보험사에게 급격한 기후변화가 더 끔찍한 이유 중 하나는 지금까지 해 오던 방식대로 일을 할 수 없게 되었다는 점이다. 전에는 "야구공만 한 우박이 떨어지는 폭풍이 얼마나 잦은지"를 알아보고서 자동차 앞 유리에 대한 보험료를 정하면 충분했다. 전에는 50년이나 100년에 한번 일어나던 일이 매년 일어나거나 그런 일이 아예 없던 곳에서도 일어나기 시작하자, 역사적 기록 분석에만 매달리던 보험사들은 곤혹을 치르게 되었다.

정부도 큰돈을 치르고 있으며, 우리 역시 세금을 통해 그렇게 하고 있다. 캐나다 정부는 1982년부터 1999년 사이에 재난 구조로 150억 달러를 지출했으며, 미국 정부는 1977년부터 1993년 사이에 1,190억 달러를 지출했다. 1992년에 허리케인 앤드류가 미국 남동부를 강타했을 때 지출한 액수만 150억 달러가 넘었다. 같은 허리케인이 지금 닥치면 비용이 두 배로 늘게 되어 있다. 물가도 올랐지만 더 많은 사람과 더 많은 재산이 그 일대에 자리 잡고 있기 때문이다.

미래의 어느 날

루시가 처음으로 살 집을 고를 무렵, 그녀는 지금 처음으로 집을 사는 사람들에 비해 훨씬 더 기후변화를 고려한 선택을 하게 된다. "집이 홍수 위험 지역에 있나?"와 같은 질문은 방의 수를 알아보기도 전에 먼저 확인하는 것이 된다. 그 다음에는 폭풍우 피해를 잘 입는 지역인지를 알아본다. 여름에는 얼마나 더운지, 웨스트나일 바이러스나 말라리아나 샤가스 병이 발발하는 지역인지도 알아본다. 그런 것들로부터 안전한 집이어야 루시는 안심하고 값을 치를 것이다.

이제는 가장 안전한 지역에 있는 집들도 건물 보험료가 크게 올라 곤란해지고 있다. 영국의 경우 지반 침하로 인한 건물 균열로 매년 6억 달러 이상이 든다. 영국 보험협회에서는 그 액수가 이번 세기 중반이면 40억 달러로 늘어날 것으로 예상하고 있다. 앞으로는 집을 사는 사람들이 던지는 질문 가운데 거래를 깨는 가장 난처한 것이 "난방과 조명은 어떤 식으로 되나요?"일 것이다. 전기, 석유, 가스 값이 계속 오르고 있기 때문에 처음 집을 사는 사람이라면 단열이 부실하거나 난방과 조명이 비효율적인 집을 살 엄두를 못 낼 것이다. 루시가 집을 고를 때면 태양열 전지판은 몇몇 주택 중개인이 권하는 별난 옵션이 아니라 욕실 가까이 붙어 있는 필수 장치일 것이다.

몇몇 정부에서는 기후를 의식하는 생활을 권장하기 위해 이미 보조금 제도를 도입하기도 했다. 이 보조금은 난방 시스템, 단열, 태양열, 이중연료 개조를 향상시키는 데, 그리고 퇴비 상자 구입 등에 지급된다. 미래에는 재생 가능 에너지 사용, 쓰레기 저배출 가정, 대중교통 및 자전거 이용, 에너지 효율이 더 좋은 가전 제품에 대한 보조금 ─ 많은 채찍과 함께 주는 약간의 당근 ─ 이 더 많아질 것이다.

2030년이면 동네 슈퍼마켓의 판매대가 아주 달라 보일 것이다. 손으로 묶은 골파는 어떻게 될까? 달나라에나 가라고 해라.

바라건대 품목마다 푸드 마일 꼬리표가 붙을 것이다. 비행기로 실려 온 것들에 대해서는 세금이 더 많이 늘어나서, 제철에 나오는 과일이나 채소 말고 지구 반대편에서 온 것을 굳이 먹고자 한다면 배로 실려 온 것으로 때우고 그만큼 부가세를 내야 할 것이다. 지금처럼 진공 비닐 포장을 한 바나나는 비닐로 세 번을 싼 고기나 유제품과 함께 사라질 것이다.

계산대에는 비닐봉지가 없다. 루시가 장바구니를 가져오지 않으면 엄청난 값을 치르고 썩는 봉지를 사야 한다(다시 가져오면 환불해 준다). 식료품 값은 어떻게 될까? 세계의 식량 생산에 지구온난화가 끼칠 영향에 대한 예측은 불확실성이 개입되어 있어 편차가 아주 크다. 대체로 합의하는 바는, 지구의 온도가 2.5도 이상 올라가면 식품 값이 올라가며, 시리얼 값의 경우 45퍼센트나 치솟는다는 것이다.

집으로 와서 루시는 푸드 마일이 적은 저녁을 먹는다. 조리대 위에 쓰레기가 별로 없어 쓰레기통에 넣을 게 얼마 안 된다. 루시는 재생을 위해 플라스틱과 금속과 종이를 분리하고, 남긴 음식을 퇴비로 쓰거나 따로 모으기 위해 골라낸다. 주말에 쓰레기통이 너무 많이 차 있으면 이튿날 과태료가 붙는다. 이런 일은 실제로 미국과 유럽의 일부 지역에서 벌어지고 있다. "버리는 만큼 지불하자"는 원칙에 따라 각 가정이 쓰레기 자루 수만큼 돈을 내는 것이다. 아직 시행 초창기지만 이렇게 하자 재생률이 30~60퍼센트나 늘어났다.

이산화탄소 배출 청구서

기후변화가 심화됨에 따라 돈 문제와 관련된 당근과 채찍은 우리의 라이프스타일을 바꿀 것이며, 우리의 지갑에 큰 변화를 줄 것이다. 그렇다면 사람들에게 온실가스 배출량에 대한 요금을 청구한다면 어떻게 될까? 옆집에 사는 SUV 소유자에게, 비행기를 수시로 타는 이웃집 광고회사 중역에게, 기후에 특별히 더 부담을 준다는 이유로 비용을 청구한다면?

그들의 집 현관을 잠시 상상해 보자. 우편물이 잔뜩 배달되었다. 주로 쓰레기나 마찬가지인 대량 발송 우편물인데, 그중에 어떤 청구서 하나가 눈에 띈다. 이것은 평범한 청구서가 아니다. 그들이 끼친 피해에 대한 청구서이며, 그들이 가 본 적도 없는 여러 나라의 무수한 사람들이 보낸 계산서다. 즉 그들이 개인적으로 온실가스를 얼마나 배출했는지를 열거한 계산서다.

널리 받아들여지는 범위(광범위하기 때문에 받아들여진 것이다)는 배출되는 온실가스 1톤마다 2~80달러의 피해를 초래한다는 것이다. 이는 별로 정확한 수치가 아니다. 편의상 양 극단의 중간치를 잡아 온실가스 1톤이 배출되면 홍수와 폭풍우로 인한 피해, 작물 흉작, 건강 문제 등의 문제 때문에 40달러 정도의 비용이 든다고 하자. 카본 가족은 매년 39톤의 온실가스를 배출한다. 그렇다면 미국의 평균적인 가정이 한 해 동안 끼치는 손실은 1,500달러 정도가 되는 셈이다. SUV를 모는 것만으로도 소위 이러한 외부 효과가 500달러나 추가된다.

그러면 세계 굴지의 대기업들은 얼마나 책임이 있을까? 최근에 인간의 온실가스 배출과 날씨 관련 재앙 ─ 이를테면 2003년에 유럽에 닥친 열파 ─ 의 직접적인 상관관계에 대한 연구들이 발표되었다. 만일 타는 듯한 더위로 2만 명 이상이 사망한 사실을 세계 최대의 온실가스 배출원들이 지구온난화에 기여한 부분에 연결시킨다면, 많은 소송 전문 변호사들이 어마어마한 사건을 따내게 될 것이다.

배출되는 온실가스 1톤당 40달러라는 추정을 이용할 경우, 일부 대기업들이 배출에 대해 책임질 액수는 한 해에 수백만 달러에서부터 수십억 달러에 달한다.

그러면 지금 당장은 누가 그 비용을 치르고 있을까? 대부분의 경우 자기 집이 물에 잠기는 사람, 그들의 보험업자, 몹시 당황한 정부와 정부의 해안 방어 건설 계획이다. 여기에 드는 비용은 늘어난 세금을 통해 다시 SUV 운전자와 비행기를 애용하는 중역을 물어뜯을 것이다. 하지만 기후변화가 지구 전체에 끼치는 영향의 속성은, 계산서가 훨씬 더 가난한 누군가의 우편함

표 5 연간 이산화탄소 배출 계산서(지구 전체에 끼치는 피해액. 단위: $)

	자동차	비행기 여행	가정 에너지	먹을거리
카본 가족의 탄소 계산서 $ 1,500	$720	$100	$520	$180

에 들어가기 십상이라는 점이다.

　카본 가족의 배출량이 1,500달러의 피해액을 유발한다면 그만큼 세금을 물려야 할까? 최근에 개인별로 배출 할당량을 정해 주자는 아이디어가 나왔다. 아직까지는 실현성이 없느니, 효과적인 않느니, 심지어 공산주의적이니 하는 조롱을 받고 있지만 조금씩 인기를 얻어 가고 있다. 비슷한 유의 아이디어들도 계속 나오고 있는데, 본질적으로는 다 같은 이야기다. 즉 우리 각자가 — 여러분과 나, 케이트와 존 카본, 심지어 루시도 — 온난화에 대한 할당량을 부여받아, 승용차 연료통을 채우거나 난방 장치의 온도 조절기를 올리거나 장거리 휴가를 갈 때마다 할당량의 일부 또는 전부를 써 버린 것으로 계산하자는 것이다. 일정량을 정해 한도를 넘어서는 사람들에게는 세금을 부과하고 남기는 사람들에게는 보상금을 지급한다면, 우리가 전체적으로 배출하는 양이 줄어들 것이며, 일종의 지구적 공평성도 달성될 것이라는 취지에서 제기되었다.

　기후 신용카드를 발급하자는 제안도 있었다. 이는 자동차 연료를 채우는 값을 각자의 은행계좌 및 기후 계좌에서 동시에 뽑아 쓰자는 아이디어다. 할당량 이상으로 쓸 필요가 있다면? 그만큼 더 비용을 치러야 한다. 예컨대 온실가스 1톤을 초과할 때마다 40달러를 내는 식이다. 할당량 이하로 쓰는 사람은 남은 액수의 기후 크레디트를 팔 수도 있고, 그 돈을 따뜻한 옷을 사입는 데 써도 된다. 상상을 하자면 끝이 없을 게다.

이런 아이디어는 이론상으로 훌륭하며, 나는 그것이 실현되는 모습을 꼭 보고 싶다. 하지만 선진국 정부들로 하여금 개인별 배출량에 대해 그런 직접세를 부과하도록 하자면 아직은 길이 멀다. 2000년 가을 영국에서 기름 값 인상에 반발하는 소수의 화물트럭 운전사들이 영국을 마비시켜 버린 사실을 상기하면서, 미국에서 "새로운 세금 부과 없이" 모두에게 이산화탄소 할당제를 실시한다고 하면 어떤 반응이 일어날지 상상해 보라. 이번 세기 중반까지 배출량을 60퍼센트까지 환상적으로 줄이자는 획기적인 "감축 및 전환"의 모델을 따르자면, 우리는 매년 400킬로그램의 탄소 배출 할당량을 받을 수 있다. 그러면 멀리 가는 비행기를 한 번만 타도 한 해 할당량을 다 써 버리게 된다. 언젠가는 개인별 탄소 할당량 제도가 실현될 것이다. 하지만 효과를 거두려면 트럭 운전사를 비롯한 모든 사람들이 왜 그런 비용을 치러야 하는지 정확히 알 필요가 있다.

정치적인 관점에서 볼 때, 그리고 지구온난화의 파급 효과가 우리에게 가할 타격을 생각할 때, 새로 세금을 부과하거나 기존의 세금을 인상하는 것은 불가피한 일이다. 에너지 낭비와 화석 연료 사용을 줄이기 위한 그러한 탄소세 또는 기후 세금은 기업을 비롯하여 지역사회와 개인에게까지 확대될 것이다. 항공 여행에 대한 특별세에서부터 매주 한 자루 이상의 쓰레기를 버리는 가정에 과태료를 부과하는 것에 이르기까지, 각 가정은 온실가스 배출을 줄이기 위해 갈수록 큰 압력을 받게 될 것이다. 그런데 기후 안정을 위해 개인이 하는 일은 전반적으로 비용이 들지 않거나 돈을 벌 수도 있는데 반해, 일부 국가 또는 국가 간의 완화는 아주 비싼 값을 치르게 될 것이다. 각국 정부에게 참으로 어려운 문제는 기후변화가 가져올 내일의 파괴 비용이 배출량을 줄이는 오늘의 비용보다 크냐는 점이다. 많은 국가들의 경우 그 문제는 명백하다. 그렇다는 것이다. 그것도 빨리 줄이는 게 좋다.

예컨대 네덜란드의 경우 해수면 상승 때문에 그야말로 무릎까지 물이 차오를 수 있다. 네덜란드인들이 기후변화를 완화하지 않고 선택할 수 있는 유일한 대안은 어마어마한 해안 방벽을 쌓는 것뿐이다. 그러한 해수면 상승에 적응하는 데 드는 비용은 자그마치 120억 달러가 넘는다. 잉글랜드와 웨일스에서는 현재 가옥 150만 채가 침수될 위험에 처해 있다. 홍수가 이대로 계속된다면 지금처럼 매년 20억 달러를 치르는 것이 아니라 2080년이면 그보다 20배가 넘는 대가를 치러야 할 것이다.

해안가 저지대에 다닥다닥 붙어서 사는 게 특징인 부유한 나라 일본의 경우에도 해수면 상승으로 비슷하게 막대한 피해를 입을 수 있다. 해수면이 1미터 상승하면 — 21세기 막바지에 우리 모두가 겪을 운명이다 — 안 그래도 좁은 나라에서 2천 제곱킬로미터 이상의 땅이 물에 잠길 우려가 있으며, 이 때문에 4백만 명의 사람과 109조 엔의 재산이 위험에 빠질 수 있다. 예를 들자면 끝이 없고 수치도 엄청나다. 예컨대 이집트의 경우 해수면이 50센티미터 상승하면 땅과 집이 물에 잠기고 관광 수입이 줄어들어 피해액이 350억 달러에 이를 것이다. 폴란드는 해수면 1미터 상승으로 300억 달러를 잃을 것이다. 오스트레일리아와 뉴질랜드는 이산화탄소가 두 배로 늘어나면 GDP가 지금보다 1~4퍼센트 떨어질 것으로 보인다. 지구 전체로 볼 때 이번 세기 중반에 대기 중의 이산화탄소 농도가 두 배가 되면 매년 3천억 달러의 비용이 초래될 것으로 보인다.

그런 맥락에서 「교토의정서」는 상처투성이의 전장이었다. 온갖 이해관계를 충족시키기 위해 경제학과 과학이 총동원되었던 것이다. 이 의정서는 기후변화에 대하여 국제 사회가 처음으로 일치된 행동을 보여 준 최초의 성과물이었다. 미국과 오스트레일리아처럼 배출량이 많은 부자 나라의 경우, 의정서에 명시된 별로 대단하지 않은 감축량을 받아들여도 큰 비용을 치러야 했다.

지난 2001년 미국은 「교토의정서」에서 탈퇴하면서, 감수해야 할 경제적 비용을 핵심적인 이유로 들었다. 미국이 거부한 「교토의정서」의 감축 규모(1990년 배출량의 7%)를 달성하는 데 드는 비용은 130억 달러에서 3,970억 달러 사이라고 한다. 그렇다면 감축 비용과 기후변화가 미국에 끼칠 피해액을 비교하면 어느 정도가 될까?

미국의 견해를 인정해 주자면 전자가 후자보다 월등히 많다고 생각할 것이다. 하지만 그렇지 않다. 산업화 이전의 이산화탄소 농도가 두 배 증가하는 데 대해, 2050년에 미국이 매년 치러야 할 비용이 700억 달러 정도이며, 의료비만 160억 달러나 될 것이라고 한다. 그보다 더 심각한 시나리오가 현실화된다면 (이를테면 남극 서부의 대륙 빙하가 붕괴하면서 해수면이 몇 미터 올라간다면) 수천억 달러의 비용이 발생할 수도 있다. 따라서 행동을 하건 말건 엄청난 비용이 들게 되어 있다. 최근의 한 연구에서는 이 두 계산서를 저울질해 본 결과 미국이 「교토의정서」합의문을 준수함으로써 드는 순수 비용이 별로 크지 않다는(GDP 대비 ±1%) 판단을 내렸다.

기후변화 경제학의 난해한 세계는 분명히 계속해서 온갖 파벌의 정치인들에게 탄약을 제공해 줄 것이다. 예측의 범위(편차)가 워낙 크기 때문에 특히 더 그렇다. 시간이 흐를수록 예측은 정확해질 것이고, 오차 범위는 좁아질 것이며, 경제적 근거를 바탕으로 하는 행동 촉구는 더욱 거세질 것이다. 그런데 불행히도 경제학자들이 기후변화의 비용을 정확히 예측할 무렵이면 범람한 물이 정치인들의 집 앞까지 차오를 가능성이 많다. 그들이 수수방관하면서 최악의 사태를 기다리고 있는 동안, 우리는 국제적인 합의를 기다리거나 기득권에 비굴해질 것 없이 우리 생활의 모든 영역에서 지구온난화를 늦출 수 있다.

정치인들에게 우리가 방법을 가르쳐줄 수 있을까? 과학계에서는 대재앙을 피하려면 온실가스를 60퍼센트 줄여야 한다고 경고한다. 그런데 「교토의정서」만 잘 이행해도 전 세계의 배출량을 몇 퍼센트는 떨어뜨릴 수 있다. 그러면 감축 목표치 60퍼센트를 위해 우리는 어떤 행동을 할 수 있을까? 유치원에 무얼 타고 가느냐는 문제에서부터 장례 유형에 이르기까지, 우리가 평생토록 지구온난화에 끼치는 영향은 얼마나 클까? 그리고 기후에 대한 의식이 얼마나 큰 효과를 발휘할 수 있을까?

7

어떤 유산을 남겨줄 것인가?

기후변화와 관련하여 가장 괴로운 점은 그것의 누적 효과다. 오늘 우리가 배출하는 온실가스의 상당량은 여러 세기 동안 지구에 영향을 끼친다. 오늘 차를 몰고 쇼핑을 하거나 출근을 하면서 내뿜은 이산화탄소 분자는 우리의 손자의 손자가 태어날 더 더워진 22세기에도 떠다니고 있을 것이다. 일부러 아이러니컬한 비유를 써 보겠다. 우리가 지금 밤낮없이 배출하고 있는 모든 온실가스의 영향은 빙하 위에 쉬지 않고 내리고 있는 눈과 같다. 눈이 더 많이 올수록 빙하는 더 커지고, 빙하의 영향력 또한 더 커진다. 이산화탄소가 1킬로그램이라도 늘어난다는 것, 비행기를 한 번 더 타거나 사무실 전등을 하나 더 켠다는 것은, 세계를 변화시키는 지구온난화라는 빙하에 눈보라가 더 날리는 것과 같다. 물론 큰 차이는 이 세상에 있는 진짜 빙하는 대부분 우리의 온실가스 빙하가 커짐에 따라 줄어들고 있다는 것이다.

우리는 평생토록 많은 온실가스를 내뿜으며 산다. 어떤 사람들은 남보다 훨씬 많은 양을 내뿜기도 한다. 승용차, 비행기, 비행기를 타고 온 과일, 비닐 포장을 한 바나나, 이런 것들이 모두 우리가 미래의 세대에게 물려줄 지구온난화의 유산에 보태지게 되어 있다. 이러한 평생의 배출량을 — 빙하에 더 내리는 눈을 — 줄이는 것이 더욱 푸르른 유산을 남기기 위한 관건이다.

루시 카본이 이제 막 태어나 앞으로 결정할 자신만의 무한한 삶을 앞두고 있는가 하면, 루시의 할머니는 이제 인생의 막바지에 이르렀다. 두 차례의 세계대전의 틈바구니에서 태어난 그녀는 이 세상을 바꾸어 버린 자동차 소유, 가정 내 에너지 사용, 식품 소비, 기술의 발전을 지켜보았다. 그러한 변화는 그녀의 손녀 세대가 앞으로 맞이할 급격한 기후변화에 큰 책임이 있다. 할머니는 자동차가 아직 신기한 물건일 때, 비행기 여행은 아직 상상도 못할 때, 식후에 쓰레기통에 들어가는 것이라곤 잘 발라 먹은 닭 뼈뿐이던 때 — 그것도 일요일에만 — 를 잘 기억하고 있다.

우리는 그저 1950년대 이전의 생활로 돌아갈 수 있는 게 아니다. 그렇게 원하는 사람도 별로 없을 것이다. 장밋빛 안경을 쓰고, 삶이 훨씬 더 단순했던 시절을 그리워하기는 아주 쉬운 일이다. 그러나 그것은 서구 세계의 시민들이 즐기고 있는 기술, 의료, 영양, 생활수준의 엄청난 진보를 무시하는 일이다. 그런가 하면 이러한 획기적인 발전의 대가는 엄청난 온실가스의 배출이었다.

할머니는 제2차 세계대전 이전인 1932년에 미국에서 태어났다. 그녀는 출생 이후 인생의 18년 동안은 학교에 가고, 집안 일을 돕고, 고향 마을의 많은 청년들을 보았다. 그들 가운데는 어깨가 널찍한 그녀의 오빠도 있었는데, 그만 전쟁에 나가 끝내 돌아오지 못했다. 전쟁 시절에는 누구나 심적으로나 경제적으로나 고통을 겪었다. 하지만 그 시절엔 상대적으로 가정에서 에너지를 적게 썼다. 많은 먹을거리가 집이나 지역에서 기른 것이었고, 자가용도 없었다. 그래서 그녀의 어린 시절에는 온실가스 배출량이 아주 적었다. 매년 몇 백 킬로그램밖에 되지 않았다. 루시의 할머니는 열여덟 번째 생일을 맞아 열린 댄스파티에서 프랜시스 카본 중위를 만나 사랑에 빠졌고, 여섯 달 만에 결혼을 했다.

1950년의 더운 여름날, 갓 결혼한 카본 할머니는 남편과 함께 새 집으로 이사했다. 두 사람은 처음으로 산 차를 타고—옷가방을 실은 하늘색 "링컨 카프리"였다—잡초가 무성한 나무 집의 진입로로 들어서서 40년의 결혼 생활을 시작했다. 세계의 다른 지역과 마찬가지로 그 세월 동안 이 부부의 여행, 에너지 사용, 온실가스 배출에는 큰 변화가 있었다.

처음에 할머니와 할아버지는 상대적으로 적은 온실가스를 배출했다. 자동차는 비효율적이었지만 1950년대의 연평균 이동 거리는 지금에 비해 상당히 적었다. 부부의 링컨 차는 매년 6톤 이하의 온실가스를 배출했으니, 각각 3톤씩 배출한 셈이다. 두 사람의 결혼 초기 10년 동안에는 비행기 여행이라는 게 아예 없었다. 신혼여행도 로키 산까지 기차를 타고 갔다.

집은 외풍이 많았지만 1950년대의 신혼부부에겐 더 생각할 것도 없이 "옷을 더 껴입는" 방법이 있었다. 앨라배마에서는 여름이면 낮에 일을 덜 하면서 그늘에서 쉬었다. 석탄을 때서 난방을 한 게 온실가스 배출의 주범이었고, 매년 5톤 정도를 차지했다. 당시에 가정에서 쓴 전기는 지금의 10분의 1밖에 되지 않았다.

이 부부의 먹을거리는 그들이 사는 지역에서 생산된 것이었고, 꽉 짜인 예산과 전쟁 시기의 절약 정신 덕분에 쓰레기는 지금의 3분의 1밖에 되지 않았다. 그래서 1950년대에 할머니의 배출량은 ─ 한 집에 사는 부부의 배출량을 똑같이 나누었을 경우 ─ 매년 6톤 정도에 그쳤다.

그러다 1950년대 말부터 1960년대에 사정이 크게 바뀌었다. 미국에서 가정용 에너지는 석탄과 나무를 때는 쪽보다는 전기를 사용하는 쪽이 선호되기 시작했다. 전기 배관이 미국 전역으로 뻗어 나가면서 전기 조명과 난방, 그리고 읍내 상점의 진열대에 모습을 드러내기 시작한 세탁기나 냉장고 등의 가전 제품에 전원을 공급했다. 전기 공급이 확대되고 요금도 싸지고 수요도 치솟자 에너지 소비도 마구 늘어났다.

1960년대 중반에 미국 가정의 에너지 사용은 할머니와 할아버지가 처음 살림을 차릴 때보다 두 배로 늘어났다. 이렇게 기술 진보와 악몽 같은 냉전의 위협으로 어수선하던 시절에 존 카본이 태어났다. 그리고 카본 집안의 온실가스 배출에 나름의 — 처음에는 조금만 — 기여를 하기 시작했다.

1970년대는 에너지 혁명이 한창일 때였다. 선진 세계의 가정 내 배출량이 마구 치솟았다. 1975년에 미국의 가정 내 에너지 사용은 1950년에 비해 세 배로 뛰어올랐다. 링컨 카프리는 좀더 유행에 맞는 가족형 자동차로 바뀌었다. 이 차의 엔진은 1950년대의 2인승 차에 비해 효율이 떨어졌다. 갤런당 20킬로미터도 달리지 못했으니까.

해가 갈수록 할머니 카본의 온실가스 배출량은 늘어만 갔다. 다른 집과 마찬가지로 그녀의 주방에도 노동을 줄여 준다는 장치들이 등장했다. 1960년대의 냉장고와 세탁기는 주방의 수색대 역할을 하더니 이내 지금의 빨래 건조기, 식기 세척기, 제빵기, 퐁듀 세트 등의 부대를 이끌었다. 존 카본이 살림을 차려 나간 1980년대 말에는 — 미국의 다른 여러 집들과 마찬가지로 — 에어컨, 전자레인지, 냉장고 두 대, 텔레비전 세 대를 갖춘 집이 되었다. 집안 곳곳에는 빨갛고 조그만 대기 전력 불빛이 자리를 차지하고 있었다. 그것은 집안을 점령한 가전제품이 시시각각 전기를 잡아먹고 있다는 뚜렷한 표시였다.

이 무렵 할머니와 할아버지가 승용차로 다니는 거리는 훨씬 길어졌고, 휴가 때면 비행기를 타고 멕시코로 갔으며, 외국산 식품을 더 많이 샀다. 한때는 텅텅 비어 있곤 했던 쓰레기통이 빠르게 넘쳐났다.

어린 카본 씨가 처음으로 엄마 눈을 피해 앞문을 빠져나가 바깥 길까지 나가 보았던 1960년대 말에는 자동차를 본다는 것이 아직은 꽤 신기한 일일 때였다. 전국의 자동차 보유자 수가 7천만 명이었으니, 지금 미국의 도로를 내달리는 자동차가 2억 대인 것과 비교하면 선택받은 사람들이었다.

1950년대 카본 씨의 집 앞 비포장도로에 저속촬영 카메라를 설치해 두었다고 해 보자. 가장 먼저 찍힌 장면은 볼이 불그스름한 할머니가 남편과 함께 신혼의 단꿈에 젖어 진입로로 들어서는 모습일 것이다. 그리고 몇 해가 지났다고 치자. 처음에는 도로에 자동차 불빛이 아주 가끔씩만 보일 뿐이다. 그러다 먼지 날리던 비포장도로가 아스팔트로 바뀌고, 자동차 불빛이 점점 짙어지고 빨라진다. 1980년대가 되면 도로의 차가 너무 많아 하나의 선처럼 이어진 듯하고, 도로도 넓어지고 소음도 늘어난다. 한때는 옆에서 자전거도 함께 타고 웅덩이에 종이배도 띄우던 좁은 길이었다. 지금은 찻길 옆에서 노는 것마저도 "절대 불가"일 정도다. 그리고 이제는 하나의 선처럼 이어진 자동차의 불빛이 밤에도 계속된다.

불과 100년 사이에

저속촬영 카메라를 공중에 대고 찍는다면 비슷하게 불쾌한 변화가 일어났다는 게 보일 것이다. 처음에는 맑고 푸른 캔버스 같은 하늘이었을 것이다. 앨라배마의 하늘에는 하루 종일 볼 수 있는 비행기가 몇 대 되지 않았고, 전쟁 이전에는 아예 보이지도 않았다. 그러다 해가 갈수록 항공 여행이 붐을 이루면서 하늘에 하얀 줄무늬의 교차가 늘어나기 시작한다. 세월이 더 흐르면 마치 세 살짜리 아이한테 분필 한 통을 주고 마음대로 하도록 내버려둔 꼴과 같아진다. 1950년대 이후 항공 여행의 증가율은 아찔하게 늘어났다. 오늘날 미국에만 1,900개의 비행장이 있다. 이들 비행장에서 매년 이륙하는 회수가 900만 회가 넘으며, 5억 명이 넘는 승객이 기내에서 영화를 보고 진공 포장을 한 크림소스 송어를 먹는다.

카본 가족이 주로 이용하는 공항은 JKF 공항이 아니라 버밍햄 공항이다. 1931년에는 이 공항에 첫 여객기가 내렸다는 소식이 톱뉴스였다. 그러던 것이 1980년대에는 하루 40차례 이륙이 있을 정도가 되었다. 그러다 요금이 싸지면서 일이나 휴가로 비행기를 타는 것이 흔해졌다. 2000년에는 버밍햄 공항에서 매일 앨라배마 상공으로 날아오르는 비행기가 80기가 넘었다. 이런 식으로 세계 곳곳에서 항공기 이용이 증가하자, 지금은 매년 10억 명 이상의 승객이 여객기를 타고 온 세계를 돌아다니고 있다(〈그림 13〉 참조).

여러분이 알기에 가장 조용한 곳으로 한번 가 보자. 길에서 아주 멀리 떨어진 곳, 아직도 자연이 확실히 지배하고 있어서 그 야생성 때문에 등골이 오싹해질 정도로 한적한 곳으로 가 보자. 그곳에서 위를 올려다보자. 여러분 혼자만이 아닐 가능성이 높다. 하늘 높은 곳에 비행기 한 대쯤은 떠 있기 십상이기 때문이다. 그것도 일이나 휴가 때문에 탄 사람들이나 손으로 묶은 골파 같은 게 가득한 비행기가 하얗고 기다란 꼬리를 끌며 지나가고 있다. 이 꼬리는 고기잡이 철의 마지막 날이라도 된다는 듯이 온실가스 그물을 활짝 펼친다.

일정 시점에 우리 머리 위에 비행기가 얼마나 많이 떠 있는지를 실감하려면 2001년 9월 11일 직후에 위성에 잡힌 하늘의 모습을 보면 된다(〈그림 14〉 참조). 여느 때처럼 미국의 하늘을 가로지르고 있던 수천 대의 비행기가 갑자기 싹 사라져 버린 것이다. 잠시 동안일 뿐이었지만, 떠다니던 숱한 비행기들이 땅에 묶이자 하늘이 심심할 정도로 깨끗해지고 조용해졌다.

할머니 카본이 기후에 끼친 영향과 1900년대의 이야기로 돌아가 보자. 그녀와 남편이 1992년에 은퇴를 하자 배출량이 마침내 떨어지기 시작했다. 매일 출퇴근을 하지 않으니 한 해 자동차 이동 거리가 그만큼 줄었다. 대신 쓸 수 있는 돈과 시간이 더 많아졌다. 1년에 세 번이나 갈 수 있는 비행기 여행을 왜 한 번만 가겠는가? 재규어를 굴릴 형편이 되는데도 왜 소형차를

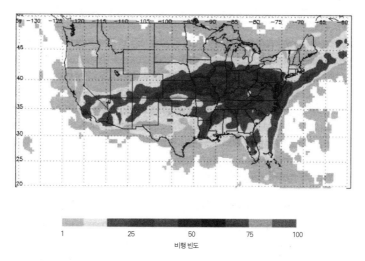

비행 빈도

그림 13 2001년 9월 3일 0시, 미국 상공의 비행 빈도(25,000피트 상공)

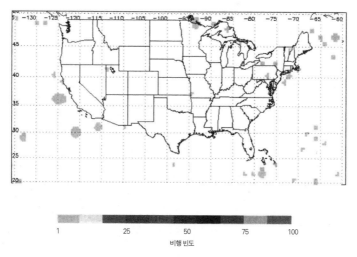

비행 빈도

그림 14 2001년 9월 11일 23시, 미국 상공의 비행 빈도(25,000피트 상공)

사겠는가? 집에 있는 시간이 많아지면 그만큼 에너지 사용도 많아진다. 그래서 할머니와 할아버지의 온실가스 배출량은 은퇴한 뒤에도 전반적으로 여전히 많았다. 그러다 남편이 세상을 떠나고 나서야 할머니의 배출량이 정말로 뚝 떨어지기 시작했다. 기름을 엄청나게 잡아먹는 차와 외풍이 많이 부는 큰 집을 민첩한 소형차와 단열이 잘 되는 은퇴자 아파트로 바꾸었기 때문이다.

이제 할머니의 인생은 황혼에 이르렀다. 칠십 남짓한 인생 대부분은 아주 행복했고, 내내 급변하는 세상이었다. 이제 그녀가 남겨줄 기후변화의 유산에서 마지막 남은 것(그리고 상당히 큰 것) 하나에 대해 이야기할 차례다.

카본 할머니의 마지막 유산

카본 집안에 초상이 났다. 이틀 전 밤에 전화벨이 울리더니, 간호사가 침착한 목소리로 할머니가 심장발작을 일으켜 병원으로 급히 옮겼다고 말했다. 응급 요원들이 최선을 다해 보았지만 병원에 도착했을 때는 이미 돌아가신 뒤였다고 했다. 처음에는 어쩔 줄을 모르던 카본 가족은 서서히 할머니의 죽음을 받아들였고, 이제는 장례 절차에 신경을 쓸 수 있게 되었다. 이미 존은 몇 군데 장의사에 전화를 걸어 장례에 대해 문의를 해 보았다.

그러는 동안 친지들로부터 내내 전화가 빗발쳤다.

할머니는 종종 자신의 마지막이 조금 떠들썩해야 한다고 말한 것 말고는 특별히 매장 방법에 대해 이야기를 한 적이 없었다. 그래서 가족들은 결국 전통적인 장례 방식을 따르기로 했다. 소위 "프레지덴셜(대통령장)" 방식을 택한 것이다. 그것은 가까운 친지들을 장지까지 모시는 리무진 세 대, 운구하는 사람 넷, 최고급 관, 철로 테를 두른 콘크리트 지하실 무덤 ― 그것도 50년간 녹 방지 보증을 하는 ― 까지 모두 포함되는 장례 상품이다.

이렇게 카본 할머니를 마지막으로 보내는 호화로운 장례는 하늘에 마지막으로 온실가스를 크게 한번 내뿜는, 평생 남긴 기후변화의 유산에 마지막으로 상당한 양을 더하는 일이다.

죽음이 언젠가 우리 모두에게 닥치는 일인 만큼, 기후를 의식하는 장례 방식을 선택하는 것은 더 푸르른 유산을 보증해 줄 수 있는 하나의 방법이다. 우리의 장례 방식은 우리가 후손에게 넘겨줄 기후를 개선하거나 악화시킬 수 있는 마지막 기회이다. 장례가 기후 문제에서 그리 큰 이슈로 보이지 않을지도 모른다. 하지만 일단 벨벳 커튼으로 가려진 세계로 들어가 보면 거기에 엄청난 물자와 에너지가 사용된다는 것을, 그래서 마지막 선택이 얼마나 중요한지를 알게 된다.

화려한 매장에 들어가는 것들은 우리가 늘 쓰고 버리는 것들보다 하나도 나을 것이 없다. 미국에서만 매년 지하실 무덤에 들어가는 콘크리트가 150만 톤이 넘고, 철은 14000톤이 넘는다. 게다가 관에 추가로 철 9천 톤이 들어가며, 구리와 동 3천 톤이 함께 들어간다. 그러느라 들어가는 에너지는 얼마나 될까? 미국에서 매장 때문에 배출되는 온실가스는 매년 150만 톤이 넘는다. 대형차 20만 대가 배출하는 양과 맞먹는 수준이다. 여기에 방부 처리액(매년 80만 갤런)과 목재로 인한 환경 피해(28제곱킬로미터 면적)도 막대하다.

성공이 흔히 자동차의 크기와 값으로 판단되는 세계에서, 저승에 갈 때 롤스로이스를 원하는 사람이 점점 늘어나는 건 어쩔 수 없는 일이다. 관 제작 업자들도 우리를 실망시키지 않는다. 살다보면 우리가 사랑하는 이를 근사하게 보내는 방법을 자세히 적어 놓은 브로슈어를 받는 날이 온다. (비용까지 자세히 읽어 보면 어떻게 하면 파산하게 되는지도 알 수 있다.) 반질반질한 페이지를 넘길 때마다 중후한 이름이 붙은 관들이 소개되어 있다. 하나같이 놋쇠 도금판이 얼마나 두꺼운지, 실크 안감에 어떤 꽃을 수놓았는지, 진공 및 방수가 기본인지 아닌지에 대한 과대광고가 붙어 있다.

큰맘 먹고 하기로 했다고 하자. 묘지에 가서 "우리 가족이 나를 끔찍이 생각해서 집을 또 저당 잡혀 내 장례를 치러 줬다니까"라고 말해 본들 무슨 소용일까? "술탄"이라고 하는 관은 어떤가? 딱 잘라서 6천 달러인 이 관은 벨벳 장식이 되어 있고, 녹과 물과 공기가 들어가지 않는다는 보증 기간이 50년이며,

"케임브리지" 무덤과 함께 선택하면 할인도 해 준다고 한다. 무슨 무덤이냐고? "케임브리지" 무덤은 리히터 강도 5.4의 지진에도 끄떡없는, 그래서 마음의 평화를 주는 고품격 무덤이다. 강철로 보강을 한 이 콘크리트 구조물의 무게는 1톤이 넘고, 명판과 방수 처리까지 완벽하게 갖추었다고 한다. 반짝반짝하는 동을 입힌 "술탄"과 함께 내벽에 동으로 두꺼운 테까지 둘러서 1만 달러에 모신다고 한다.

그러면 여기에 붙는 기후 꼬리표는? 온실가스 1톤이 넘는다.

진정으로 평화롭게 안식에 들려면 고려해야 할 것이 많다. 표준적인 두 가지 방식 — 화장과 전통 매장 — 은 기후 면에서 모두 장단점이 있다. 천연가스를 사용하는 화장은 20갤런의 가스를 소비한다. 석유를 쓰면 30갤런 정도 든다. 이렇게 해서 배출되는 온실가스는 각각 120킬로그램과 300킬로그램이다. 여기에 시신을 태울 때 나오는 배출량도 있다. 한 사람에 보통 120킬로그램 정도 된다고 한다. 합해 보면 화장을 할 경우 온실가스가 반 톤 정도 배출될 것이다. 대단한 건 아니지만 매장보다는 훨씬 낫다. 하지만 화장은 대기오염을 유발한다는 큰 결점이 있다. 화장할 때 나오는 수은과 다이옥신은 현재 대부분의 국가에서 엄격히 통제하고 있다.

반면에 매장은 대기오염 문제를 피할 수 있으며 더 기후 친화적인 방법일 수 있다(대단한 관과 무덤에 드는 에너지를 빼면). 이제는 "생태적인" 매장이 전체 장례에서 상당히 큰 부분을 차지해 가는 중이다. 이는 공기, 물, 흙에 끼치는 영향을 전부 고려하여 전반적인 환경오염을 줄이는 매장법이다. 대안적인 관을 살펴보면, 생물 분해성 시신 자루, 종이상자나 대나무로 만든 관, 잘 썩는 나무 관 등이 있다. 이런 매장법들은 콘크리트로 밀봉을 하는 무덤의 전제를 뒤집어 엎는다. 생태 매장은 시신이 썩는 것을 오랫동안 방지하기 위해 두꺼운 콘크리트 상자 속에 썩지 않는 관을 보관하는 방식이 아니라, 관과 시신 모두 흙 속에서 완전히 분해되도록 하자는 것이다.

할머니의 인생은 제2차 세계대전 당시의 검소한 시절 이후로 서구 세계의 생활수준과 에너지 사용이 높아짐에 따라 급격하게 온실가스 배출량을 늘리는 것이었다. 그녀의 삶과 죽음으로 인한 배출량은 800톤에 달한다. 이 정도면 그녀의 아들 — 교통, 가정, 식품, 쓰레기로 인한 온실가스가 이미 높았고 계속 높아지고 있던 시대에 태어난 — 이 기후에 끼친 에베레스트 산과도 같은 영향에 비하면 작은 산에 불과하다.

루시가 선택할 두 가지 삶

존 카본은 부모가 같은 나이에 배출했던 것보다 이미 세 배나 되는 양을 배출했다. 그러면 막 태어난 그의 딸은 어떨까? 그녀가 평생 배출할 양은 아빠보다 더 많을까? 카본 부부는 루시의 배출량을 줄이기 위해 이미 노력을 하고 있다. 케이트가 밭에서 먹을 것의 상당량을 기르는 것부터 이전처럼 지나치게 덩치가 큰 다인승 차 대신에 소형차를 타고 다니는 것까지, 카본 부부는 적어도 루시와 관련된 온실가스 배출을 줄이려고 애쓰는 중이다. 그렇게 하면 나중에 불만 많은 10대 소녀의 비난을 어느 정도 견딜 수 있을지도 모른다.

루시가 어른이 되어서도 줄곧 기후 의식Climate Awareness 있는 생활을 하면 어떻게 될까? 배출량이 적은 삶, 즉 작은 차를 몰고, 에너지 낭비를 줄이고, 지역 농산물을 사먹는 등의 생활을 하면 어떻게 될까? 너무 고행을 할 필요는 없고 ― 퇴비 변기를 쓰거나 산에 들어가 풀만 먹고 살지는 말고 ― 일상에서 실천할 수 있는 행동을 쌓아 나간다면 어떤 결과가 있을까?

그래프를 또 하나 그려 보았다(〈그림 15〉를 보라. 파이 도표만으로는 과학자의 의욕을 잠재울 수 없다). 기후 의식이 있는 루시와 기후 의식이 없는 루시를 비교해 보자. 평생에 걸쳐 이 두 앨라배마 소녀의 배출량이 얼마나 다를 수 있으며, 그들이 세상에 물려줄 기후적 영향이 얼마나 달라질 수 있는지 알 수 있다. 우리 모두가 어떤 길을 갈 수 있는지 한번 살펴보자.

겉으로는 똑같이 생긴 루시지만 살아온 배경은 다를 수 있다. 기후 의식이 있는 루시는 갈수록 환경 친화적으로 되어 가는 가정에서 태어난 루시다. 기후 의식이 없는 루시 카본은 존이 큰 차를 모는 것을 전혀 부끄러워할 줄 모르고, 재생이란 이

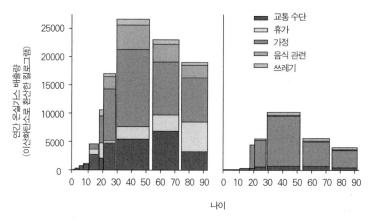

그림 15 기후에 무지한 루시(왼쪽)와 기후 의식이 있는 루시(오른쪽)의 평생 온실가스 배출량

옷집 좌파 인사들이나 하는 것쯤으로 생각하고 정원은 콘크리트와 잡초밖에 없는 땅뙈기에 불과한 집에서 태어난 루시다. 기후변화를 제어할 수 있는 마법의 탄환이 아직 발견되지 않았고, 화석 연료가 우리 모두의 삶을 압도해 왔듯이, 두 루시의 삶을 압도한다고 상상해 보자.

기후 의식이 없는 카본 가정의 경우, 아기 루시의 물건이 벌써 집안을 가득 채우고 있다. 그녀가 집을 떠날 때까지 그녀의 배출량은 대부분 부모 탓이라고 할 수 있다. 이 루시가 나중에 얼굴을 붉히며 부모에게 왜 그랬느냐고 따지기 전에, 이미 많은 중요한 결정들이 그녀를 위해 내려진다. 새로 장식한 아기의 침실은 미국 연방경찰(FBI)이 무색할 정도로 많은 전자 감시 장치로 가득하다. 벽에는 각종 기능이 달린 — 배터리를 쓰는 — 보행기들과 인형, 노래하는 곰 인형 등으로 가득 찬 상자가 쌓여 있다. 어느 것 하나도, 아기 발싸개 한 켤레, 천으로 만든 그림책 하나도 누가 쓰던 것이 없다. 모든 게 새것이다. 이런 것들을 만드는 데 들어간 엄청난 에너지 벌점은 고스란히 아무것도 모르는 루시 카본의 조그만 어깨를 짓누른다. 그나마 이것은 시작일 뿐이다.

루시는 18개월이 되자마자 유아원에 다니기 시작한다. 기후 의식이 있는 카본 부부는 루시를 자전거로 유아원에 데리고 가겠지만, 그렇지 않은 카본 부부는 이 짧은 거리를 가면서도 사륜구동 자동차를 몰기 때문에 매년 온실가스를 200킬로그램 더 배출한다. 세월이 흘러 쇼핑몰에 "개학 준비"라는 현수막이 걸려 조지, 헨리, 그리고 루시까지도 방학을 마치고 새 신을 살 때가 되었다. 초등학교에 가려면 스쿨버스와 승용차 통학 중 하나를 선택해야 한다. 기후에 무지한 카본 부부는 루시를 통학시키기 위해 기름을 엄청나게 잡아먹는 자동차의 "안전성"을 고수함으로써 안 그래도 높은 루시의 배출량에 매년 온실가스 700킬로그램을 추가한다. 기후 의식이 있는 루시는 버스를 이용한다.

방학 때는? 비행기 때문에 몇 톤의 배출량을 추가하는 것에 전혀 양심의 가책을 느끼지 못하는 의식 없는 부모와 함께 사는 루시에게 휴가는 비행기를 타고 가야 한다. 아기 때 비행기를 타면 귀가 찢어지도록 울거나 눈치를 봐 가며 수시로 젖을 물리거나 경우에 따라서는 안쓰럽게도 9,500미터 상공에서 마구 토하기가 쉬운데도 하늘 높이 날아다니는 이 여행은 계속된다. 이루시는 열 살이 되기도 전에 이미 비행 거리 8천 킬로미터를 돌파하여 온실가스를 12톤이나 배출한다. 기후 의식 있는 카본 부부의 경우, 비행기로 인한 스트레스와 배출량을 피해 가까운 곳에서 휴가를 보내기로 한다. 이렇게 해서 두 루시의 배출량은 엄청난 차이가 나게 된다.

두 루시는 초등학교를 거치는 동안 처음으로 온실가스 배출에 대한 약간의 직접적인 책임을 지게 된다. 지금까지 의식 없는 루시는 자신이 온실가스를 그렇게 많이 배출하는 생활을 해왔다는 비난을 받는 게 부당하다며 큰소리를 칠 수 있었다. 자기 자신의 선택에 의한 것이 적거나 거의 없었기 때문이다. 하지만 초등학교를 거치면서부터는 기후에 무지한 집안의 분위기 탓이긴 하겠지만, 어쨌든 자신의 선택이 기후에 직접적인 영향을 주게 된다.

우리는 어느 정도 예측 가능한 존재다. 10대 때는 으레 반항심을 보이곤 하지만, 우리는 결국 부모와 같은 정당에 표를 던지거나 비슷한 음식을 즐기거나 목소리를 닮게 된다. 어른으로서 아이의 태도와 행동에 끼치는 영향은 막대하다. 따라서 기후 변화의 주범인 카본 집안의 루시가 부모와 오빠들을 벌써부터 따라하는 것은 놀라운 일이 아니다. 처음에는 텔레비전, 비디오, 오락기 등을 늘 켜 놓는 것에서부터 시작한다. 이렇게 해서 추가로 배출되는 온실가스가 매년 120킬로그램이 넘는다.

중고등학교와 청소년기로 접어들면서, 이제 의식 없는 루시는 난방기를 거의 사우나 수준으로 틀어 놓곤 한다. 의식 없는 카본 집안에서 그녀가 추가로 사용하는 에너지를 다 합치면 매년 온실가스 1톤 이상이 된다.

두 루시는 금세 곡절 많은 중고등학교 시절을 마친다. 자동차에 아끼는 쿠션을 쑤셔 넣고, 정든 개를 한번 끌어안고, 대학으로 차를 몰고 갈 때가 되었다. 두 루시는 뉴욕 주에서 대학 생활을 시작하게 되었다.

집을 떠난 두 소녀는 온실가스 배출에 훨씬 더 많은 책임을 지게 되었다. 제일 중요한 결정은 교통수단의 선택이다. 기후 의식이 있는 루시는 자전거와 대중교통을 선택하는 반면, 무지한 루시는 까맣고 활동적인 SUV를 사기로 한다. 그래서 두 사람의 온실가스 배출량은 매년 6톤 이상 벌어진다. 기숙사에서는 둘 다 벽을 포스터로 도배하고 복도를 아로마 요법 가게 같은 냄새로 가득 채울 정도로 향을 피우더라도 기후변화에 큰 변수가 되지는 않는다. 하지만 의식 있는 루시는 늘 컴퓨터를 절전 모드로 해두거나 침실의 전구 두 개를 절전형으로 바꿈으로써, 매년 배출량을 반 톤 정도 줄인다.

대학 시절은 금세 지나간다. 마지막 시험을 무사히 통과한 뒤 졸업 기념 무도회를 연다. 쑥스러운 무도회 앨범은 훗날 동창이 대통령 선거에 출마할 때나 먼지를 털게 되거나, 아니면 시계탑에서 저격용 소총과 함께 발견되기 십상이다. 공부를 마친 뒤 두 사람은 이제 직장과 집을 선택하게 되고, 그래서 지구 온난화에 끼치는 영향에 대해서도 직접적인 책임을 지게 된다.

우리는 사정이 얼마나 나빠질 수 있는지 이미 살펴보았다. 봉급이 올라가면 더 큰 차를 사고, 더 자주 비행기 여행을 가고, 집에 가전제품을 더 많이 들여 놓음으로써 전기를 더욱더 많이 잡아먹을 가능성이 높아진다. 또 우리는 굳이 그럴 필요가 없다는 사실도 이미 알아보았다. 기후 의식이 있는 루시는 무지한 루시와 같은 수준의 생활을 영위할 수 있다. 기후에 영향을 적게 끼치고 고행에 가까운 생활을 하지 않으면서도 맛있는 음식을 먹고, 겨울엔 따뜻하고 여름엔 시원하게 지내며, 쉽게 여행을 즐기면서 살 수 있다.

성인이 된 의식 있는 루시는 작은 차를 몰고, 푸드 마일이 적은 음식을 먹고, 효율이 높은 보일러를 쓴다. 쓰레기 재생을 위해 분리 수거를 하고, 비행기 이용을 피하며, 대기 전력을 용납하지 않는다. 기후변화에 영향을 끼치는 생활양식의 핵심적인 부분들 — 교통수단, 가정, 음식, 뒤뜰 — 을 신중하게 선택함으로써 그녀는 자신의 배출량을 크게 줄였다. 전반적으로 그녀는 환상의 60퍼센트 감축이라는 목표를 초과 달성했다. 이러한 행동이 평생 축적된다면? 엄청난 효과가 있을 것이다.

은퇴 기념식이 열릴 무렵, 두 루시의 배출량 빙하의 크기는 더욱더 차이가 났다. 65세가 되니 각자 자기 배출량에 전적으로 책임을 지게 된 지 거의 40년이 된 셈이다. 해가 갈수록 무지한 루시가 배출한 양은 산처럼 쌓여 간다. 은퇴한 지 25년이 지나자 두 루시는 숨을 거두고 땅에 묻힌다. 한 사람은 면으로 만든 자루를, 또 한 사람은 과시적 소비의 증표인 썩지 않는 밀봉 관을 택했다.

선진국에서 태어나 90년 평생 기후를 의식하는 삶을 산 우리의 루시가 평생 끼친 영향은 온실가스 595톤이다. 기후에 무지한 루시는 자그마치 1,800톤이다.

이 두 여성이 2090년대에 볼 세상이 어떨지 우리는 그저 상상하는 수밖에 없다. 그 무렵이면 지구는 너무나 더워 있을 것이고, 그로 인한 영향도 끔찍할 것이다. 얼마나 더 더워질지, 그로 인한 충격이 얼마나 심할지는 두 유형의 루시가 얼마나 많은지에 달려 있다.

그런데 실제 결과는 훨씬 더 큰 차이를 보일 수도 있다. 현상 유지의 경우를 생각해 보자. 즉 기후에 무지한 성인 루시가 부모만큼이나 집에서 에너지를 쓰고, 부모 못지않게 자동차와 비행기를 타고 다닌다고 하자. 실제로 2025년이면 가정 내 에너지 사용, 쓰레기, 교통으로 인한 온실가스 배출이 막대하게 늘어날 것이라는 예측이 많다. 미국 내 가정의 에너지 사용으로 인한 배출은 앞으로 20년 동안 25퍼센트 더 늘어날 것이라고 한다. 길에서 내뿜는 배출량은 지금보다 50퍼센트나 더 많을 — 매년 10억 톤 이상 수준 — 것이라고 한다. 그렇다면 기후에 무지한 루시의 배출량은 훨씬 더 많을 수도 있다. 이제는 죽은 사람을 동으로 테를 두른 무덤에 넣는 것을 그만둘 때가 되었다.

온실가스 배출 60% 감축을 위하여

루시 카본이 한 것처럼, 앞의 여러 장에서 설명한 배출량 감축 방안의 일부를 생활에서 실천해 보자. 목표 수준인 60퍼센트 감축에 도달하는 정도가 아니라 그 수준을 너끈히 넘어설 수 있다. 60퍼센트가 우리 모두에게 정말로 가능하다 ─ 우리 주변에서 문명의 기둥들이 무너지지 않도록 하면서 지금 당장 실천할 수 있는 것 ─ 는 사실은 환상적인 기회를 제공해 준다. 재앙과도 같은 기후변화를 피하려면 그 정도의 감축은 꼭 필요하다.

60퍼센트 감축을 달성한다는 것은 ─ 지금은 정치인들이 꿈만 꿀 뿐인데 ─ 모두가 행동을 한다면 어마어마하게 많은 온실가스 배출을 막을 수 있다는 뜻이다. 그러한 행동을 여러분의 모든 가족, 친구, 이웃, 동료에게도 전파해 보라. 그러한 변화가 말 그대로 세상을 얼마나 많이 바꿀 수 있는지 알게 될 것이다.

그것은 여러분과 나로부터, 집과 가게와 정원과 출근길에서부터 시작된다. 또 거기에만 머무를 필요가 없다. 가정과 개인의 교통수단 모두 온실가스 배출에 주도적인 역할을 하지만, 기후변화에 대한 새로운 인식을 우리 생활의 개인적인 부분 이상으로 확장하는 것도 충분히 가능하다. 즉 그것을 일터에서도 실천해야 한다.

못 쓰는 종이를 처리하는 방법에서부터 새로 SUV를 산 존 카본을 축하해 줄 것인지 아닌지에 이르기까지, 우리 삶에서 아주 큰 부분을 차지하는 직장 생활은 온실가스 배출을 크게 늘리느냐 줄이느냐에 상당히 큰 영향을 끼치게 된다.

그래서 고층 빌딩에서 일하든 탁 트인 넓은 공간에서 일하든, 한 번 보고 버리는 엄청난 양의 종이로 가득 찬 휴지통과 밤낮 없이 켜 놓은 전깃불에 어떤 조치를 취해야야 한다. 일터에서 기후를 의식하는 행동의 효과가 얼마나 광범위할 수 있는지 한번 살펴보자. 상사의 메모 하나가 어떻게 직원 수십 명의 에너지 낭비를 줄일 수 있는지, 사무실의 전등을 잊지 않고 끄는 한 사람이 우리의 미래를 어떻게 바꿀 수 있는지 알아보자.

8

지구를 살리는 작은 행동

기후변화에 관한 우리의 우려는 직장의 냉수기 근처에서 쉴 때는 좀처럼 꺼내지 않기 쉽다. 대신 저녁때나 주말에 하는 부끄러운 취미처럼 느껴진다. 하지만 기후변화에 제동을 거는 것은 직업 없는 사람들을 위한 철지난 이야깃거리가 아니다.

직장에서 에너지 낭비와 온실가스 배출을 줄이는 일은 흡연의 비유를 다시 생각나게 한다. 여러분은 이미 회개했다고 하자. 즉 흡연은(아니면 이 경우 온실가스 배출은) 여러분에게 나쁘며, 여러분 가족에게도, 모두에게도 나쁘다. 그래서 여러분은 라이프스타일을 바꾸고, 말 그대로 나쁜 습관을 뜯어고쳤다. 그렇게 하길 잘했다 싶어 그것의 장점을 남들에게도 알리고 싶다. 그렇다면 결국 거쳐야 할 곳은 여러분의 일터이다. 10시 15분이 되면 대개 담배 한 대를 피우며 쉬기 마련이다. 동료들이 모인 자리에는 초콜릿 바도 나오고, 손 운동하는 고무공도 나오고, 가족사진도 나온다. 잠시 뒤면 담배 냄새가 여러분의 코를 간질인다. 여러분이 이미 금연에 성공했다면 그 냄새는 여러분의 속을 뒤집어 놓는다. 담배를 피우지 않는 사람들에게 치명적인 영향을 끼칠 수도 있는데 어떻게 한 건물 안에서 담배를 필수가 있느냐는 불만이 솟구친다. 그래서 불평을 한다. 여러분이 사장이라면 그 자리에서 당장 흡연을 금지시킬 것이다. 그렇지 않더라도 먼저 노조에서 금지시킬 것이다.

그와 마찬가지로, 여러분과 가족은 집에서 절전형 전구를 씀으로써 에너지를 절약하고 온실가스 배출을 줄인다. 그렇다면 왜 사무실은 언제나 불야성을 이루고 있어야 하는가? 왜 집에서는 겨울마다 스웨터를 껴입고 여름마다 창문을 열어 놓으면서, 왜 사무실은 아무리 추운 겨울에도 티셔츠만 입고 있어도 될 정도이고, 푹푹 찌는 여름에는 냉장고처럼 추워야 하는가? 옳지 않은 일이다. 그렇다면 기후 의식이 있는 종업원, 사장, 심지어 고객으로서, 직장에서 에너지 낭비에 반대하는 태도를 취함으로써 기후변화 완화에 크게 기여할 수 있다. 물론 집에서 의식 있게 행동함으로써 큰 변화를 일으킬 수 있다. 하지만 그러한 의식은 직장에서도, 장을 볼 때도, 그리고 가장 중요하게는 투표소에 들어갈 때에도 발휘할 수 있다.

일을 마치고 집으로 돌아오다 보면, 저녁에도 사무실 창이 온통 환하게 밝혀져 있는 것을 볼 수 있는데, 모두 막대한 에너지가 낭비되고 있다는 뜻이다. 아무리 늦은 밤이라도 창이 환하게 밝혀져 있는 경우가 많은데, 참으로 부끄러운 일이다. 여러분이 그런 사무실에서 일해 본 적이 있다면 얼마나 난방이 지나친지, 조명이 지나친지, 쓰지 않는 컴퓨터를 켜 놓는 경우가 얼마나 많은지 잘 알 것이다. 나는 한때 시급을 받으며 언제나 돈에 쪼들리던 보험 사무원 일을 한 적이 있다. 그때 나는 일곱 시가 되기도 전에 출근해서 오토바이를 주차장에 대곤 했다.

그럴 때의 거리는 한 시간 뒤의 소음투성이에 비하면 부드러운 속삭임과도 같다. 안내 데스크를 지키던 야간 경비원은 근무 교대 전에 마지막으로 여덟 번째 커피를 벌컥벌컥 마시고 있다. 정문의 이중문을 열고 들어가니 열풍이 몰아쳐 맥을 빼 놓고(오토바이용 가죽점퍼를 입고 있으면 더하다), 변전소에라도 들어온 듯 웅웅 소리가 난다.

탁 트인 사무실 안으로 들어가면 더 가관이다. 불은 다 켜져 있고, 컴퓨터는 자기들끼리 불평을 하고, 자동판매기는 함께 웅웅거리며 합창을 한다. 복사기가 혼자 시스템을 점검하고, 음료수 기계가 혼자 커피를 데우거나 과일 주스 통을 식히는 꼴을 보면 무슨 21세기 판 유령선을 탄 기분이다. 여기서도 없는 것은 사람뿐이니까. 밖에서 볼 때는 건물이 일하는 사람들로 북적일 것만 같다. 어느 층 어느 창을 봐도 불이 밝혀져 있으니 그럴 수밖에.

물론 내가 아무리 일찍 간다 한들 나보다 먼저 온 사람이 항상 있긴 했다. 이 친구는— 내가 접수한 손해 사정 건을 검토하느라 눈이 움푹해져 있는 가레스라는 친구였다— 언제나 밤에는 제일 늦게 퇴근하고 아침에는 제일 먼저 나왔다. 아예 집에 가지 않았는지도 모른다.

정원의 조각상을 만드는 공장에서부터 학교에 이르기까지, 푸줏간에서부터 촛대 제조 공장에 이르기까지, 선진국 온실가스 사용량의 40퍼센트는 기업이 차지한다. 거기에 여러분의 가정 및 교통수단으로 인한 배출량을 합치면 선진 세계의 엄청난 온실가스 배출량의 대부분을 바로 알 수 있다.

여러분이 일하는 곳의 공간 30제곱센티미터당— 휴지통 하나 정도의 공간— 배출되는 온실가스의 양은 상당할 수 있다. "직장 내 배출량"에서 가장 말단을 차지하는 것은 창고다. 창고는 30제곱센티미터에 한 해 평균 4킬로그램의 온실가스를 배출한다. 그중 상당 부분은 주로 보관품의 냉장이나 난방에 들어간다. 30제곱센티미터에 온실가스 몇 킬로그램이라고 하면 얼마 되지 않는 것 같지만 사실 그렇지 않다. 이를테면 평균 크기인 4,500제곱미터의 창고에서 30제곱센티미터당 4킬로그램을 배출하면 매년 60톤의 온실가스가 배출되는 것이다.

그 다음은 학교다. 교실과 복도에 드는 냉난방, 조명, 그리고 급식 등에 드는 연료를 합치면 30제곱센티미터에 5.5킬로그램의 온실가스가 배출된다. 대부분의 학교 식당에 있는 각종 단것들이 가득한 자판기도 큰 몫을 한다. 한 대가 매년 2톤의 온실가스를 배출하며, 많은 아이들에게 과잉행동 증후군을 유발한다는 것은 말할 필요도 없다.

쇼핑 치료 삼아 대형 할인점에 갔다고 하자. 입구에 들어설 때 여러분을 반기는 에어컨 광풍에서부터 옷걸이에 연이어 쏟아지는 조명에 이르기까지, 온난화의 주범 가운데 그 다음 자리를 차지하고 있는 것은 소매 유통 부문이다. 조명 관련 배출량이 전체의 4분의 1 이상을 차지하며, 냉난방이 그 다음을 차지한다. 30제곱센티미터의 공간에서 매년 9킬로그램 이상의 온실가스가 배출된다. 그래서 이 살균된 공기와 라디오 광고의 세계에 있는 옷걸이 하나가 매년 100킬로그램 이상의 온실가스를 배출한다.

그 다음은 사무실이다(〈그림 16〉 참조). 이 넓은 공간에 드는 에너지 중에도 역시 조명과 냉난방이 가장 큰 부분을 차지한다. 아울러 그 많은 컴퓨터, 그리고 복사기와 자판기도 상당한 부분을 차지한다. 사무 공간에서 휴지통 하나가 놓일 자리인 30제곱센티미터당 매년 10킬로그램의 온실가스가 배출된다. 사무실 책상 하나당 — 거기에 놓고 쓰는 온갖 것들과 더불어 — 배출되는 온실가스는 매년 100킬로그램이 넘는다. 한 사무실에 스무 명이 자기 책상에, 컴퓨터에, 전화기에, 수시로 뭔가를 마시며 일하는 모습을 상상해 보라. 보통 사무실 3천 제곱미터에서 배출되는 온실가스가 매년 100톤 정도 된다. 이 정도면 한 사람당 5톤 이상 배출한다는 것을 뜻하는데, 이는 한 사람이 매

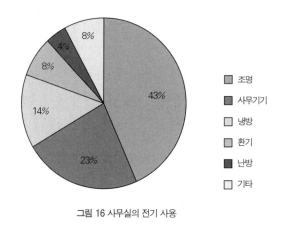

■	조명
■	사무기기
□	냉방
■	환기
■	난방
□	기타

43%
23%
14%
8%
4%
8%

그림 16 사무실의 전기 사용

일 자동차 두 대를 끌고 출퇴근하는 것과 맞먹는 양이다.

내가 일하는 곳은 좀 낫기를 바랐었다. 하지만 대학의 연구실과 계단식 강당도 사무실 못지않게 하루 종일 조명을 켜고 난방과 전자제품의 낭비가 심하여, 제곱센티미터당 배출량 ― 계단식 강당의 좌석 하나가 기후에 끼치는 영향 ― 이 11킬로그램이 넘었다. 엄청난 숫자지만 대학은 일과 관련된 온난화의 주범 가운데 아직 중간 수준밖에 되지 않는다.

보건소나 병원에서 일하면 어떤가? 덥지 않은가? 그렇다. 의료 시설의 전기 사용량 가운데 절반 이상은 냉방과 난방에 들어가고, 조명이 세 번째다. 제곱센티미터당 매년 14킬로그램의 온실가스가 배출된다. 병원에서 사용되는 에너지가 전부 불필요하다고 주장하면 어리석은 일일 것이다. 수술실에서 적절한 조명은 대단히 중요한 요소라 생각한다. 사람들을 살리려면 각종 기계들을 가동할 필요가 있으며, 아픈 사람들은 따뜻하게 해 주어야 한다. 그런가 하면 기후변화와 관련된 열파, 발병, 폭풍우 피해 등으로 입원 건수가 점점 늘어나면서 병원은 지구온난화를 더욱 부채질하는 게 사실이다.

그 다음은 기후변화에 정말로 큰 영향을 끼치는 분야다. 지금 소개할 두 분야는 앞의 것들과 차원이 다르다. 이 중 둘째 자리를 차지하는 것은 앞에서는 부드러운 조명을 쓰지만 뒤에서는 어마어마한 에너지를 쓰는 곳, 바로 음식점이다. 제곱센티미터당 26킬로그램의 온실가스를 배출하며, 한 테이블당 두 사람 기준으로 한 해에 400킬로그램 이상을 배출한다. 이 정도면 손으로 묶은 골파를 일 년 내내 먹는 것과 같다.

기후변화의 주범 가운데 으뜸을 차지하는 것은 도시 근교에 있는 푸드 마일의 대성당인 슈퍼마켓이다. 이 대형 공간에 드는 에너지 중에서 공간 자체에 대한 난방과 냉방은 3위와 4위에 불과하다. 당당하게 1위를 차지하는 것은 칠레산 포도와 캐나다산 생수를 냉장 보관하는 데 드는 막대한 양이다. 기업 부문 에너지 사용량의 가장 큰 부분에서 38퍼센트나 차지하는 양이다. 거기에 진열된 온갖 식품들을 우아하게 비추는 조명이 그 다음 자리를 차지한다. 다 합치면 슈퍼마켓의 제곱센티미터당 온실가스 배출량은 30킬로그램이 넘는다. 여러분이 카트를 밀고 지나치는 식품 진열대의 통로 하나가 매년 내뿜는 온실가스는 12톤이 넘는다. 사륜구동 자동차 한 대와 맞먹는 양이다.

식품과 그로 인한 온실가스를 다룬 장을 쓰기 위해 조사를 하면서, 나는 딸을 데리고 슈퍼마켓에 나섰다. 매주 한 번 장을 보면서 진열된 식품들 중 푸드 마일이 높은 것들을 확인하려는 목적에서였다. 내 나름대로 머리를 써서 한 일이었는데, 딸아이가 내가 가고 싶지 않은 유일한 진열대 — 케이크가 있는 곳 — 로 가자고 자꾸 떼를 쓰는 바람에 아주 힘들었다. 그래서 식품의 원산지를 급하게 적느라 정신이 없었다. 하지만 호사스러운 식품 매대에 있는 것들은 전부 기록할 수 있었다. 이 매대는 길이 2.5미터에 깊이 1미터의 진열대로, 선반에는 태국산 콩, 남아프리카산 미니 당근, 뉴질랜드산 블루베리 등 전 세계에서 온 것들이 화려한 포장을 입고 있었다. 하지만 안타깝게도 내가 미니 당근 포장을 일일이 살필 수 있을 정도로 두 살배기 아이의 주의를 끌 만한 것은 없었다.

당시 내 의도는 이 짧은 매대가 지구온난화에 미치는 양을 계산하는 것이었다. 손으로 묶은 골파 같은 것들은 이미 살펴보았기 때문에 그냥 지나칠 수 있었다. 그건 그렇고 식품의 푸드 마일뿐만 아니라 진열 매대가 기후에 끼치는 영향도 고려해야 했다.

거기에 블루베리나 미니 당근당 비행기를 타고 온 매대의 식품들의 포장 용기를 따져 봐야 했다. 매주 이런 포장 용기에 든 식품이 종류별로 스무 개 정도 팔린다고 하면 이 매대 하나로 인해 배출되는 온실가스는 어마어마한 양이 된다. 2주 동안

이 한 매대의 푸드 마일로 인한 배출량은 40톤이 넘고, 1년이면 1천 톤이 넘는다. 여기에 잘게 나누어 담은 포장 용기, 환한 조명, 냉장 보관에 든 에너지를 다 합칠 경우 1년이면 석유를 마구 잡아먹는 SUV 50대를 몰 때 나오는 배출량과 맞먹는다.

일터와 학교에서 시작하자

일터에서 온실가스 배출을 제대로 줄이는 일은 꽤 까다로운 일이다. 우선 동료들을 설득할 만한 뚜렷한 경제적 동기가 없다. 또 하나, 여러분의 사장에게 난방을 줄이고 스웨터를 입자고 하는 것은 여러분의 아이들을 설득하는 것만큼이나 어려운 일이다. 하지만 가정의 경우와 마찬가지로, 많은 부분에서 작은 변화라도 일으키면 엄청난 효과를 거둘 수 있다.

먼저 내가 오토바이를 타고 다니던 보험회사 사무실의 환한 조명을 다시 생각해 보자. 그 사무실에는 큰 조명기기가 20개 달려 있었다. 하나에 1.2미터짜리 형광등이 네 개씩 달린 것이었다. 이런 조명들이 매주 100시간, 1년 365일 내내 켜져 있었다. 자, 그러면 아까 말한 가레스가 어둠 속에 앉아 있도록 하거나 불야성 같은 조명을 끄도록 하기 전에 이런 조명기기의 형광등부터 절전형으로 바꾸면 어떨까?

에너지 효율이 좋은 전구로 바꿈으로써 우리는 사무실의 에너지 사용을 매년 시간당 3,700킬로와트 정도 줄일 수 있다. 그러면 매년 회사의 에너지 사용료를 1천 달러 줄이고, 온실가스 배출을 2.3톤 줄일 수 있다. 현재 일터에서의 조명은 필요한 것보다 3분의 1 이상 밝기 때문에 에너지 효율이 높은 이상적인 조명으로 바꾸면 매년 시간당 7,000킬로와트의 전력을 줄이고 온실가스 배출량을 4톤 이상 줄일 수 있다.

언제나 사무실에 있는 가레스는 그게 싫을 수도 있다. 하지만 불필요한 조명을 끈다고 해서 불편할 게 뭐가 있겠는가? 사무실에서 그가 일하는 공간은 지극히 작은 일부분이다. 따라서 나머지 공간의 불을 끄면 매주 100시간이던 조명 사용 시간을 50시간으로 줄 수 있다. 그러면 에너지 사용과 온실가스 배출이 반으로 줄어든다.

조명을 끄는 것은 일터에서 에너지를 절약하는 가장 핵심적인 부분이다. 회사의 전기요금은 내가 내는 게 아니라 다른 누군가가 내는 것이라는 이유 때문에 사무실이나 공장의 불이 훤히 켜져 있는 경우가 많다. 이런 악순환을 깨고 스위치를 끄기 위해 여러분과 나에게 의지하지 않으려면, 움직임 감지기를 이용하는 방법이 있다. 이 장치를 달면 가레스가 꼭두새벽에 미궁 같은 책상들 사이로 맨 처음 모습을 드러낼 때 조명이 켜지고, 그가 보험 사건을 충분히 다루다 한밤중에 퇴근할 때는 절로 꺼지게 된다.

학생들이 하루 종일 교실에 밀려들어 갔다가 빠져나오기를 반복하는 학교에도 이런 장치를 기본적으로 단다고 해 보자. 엄청난 에너지 절감 효과를 거둘 것이다. 이 장치를 이용하면 사무실에서의 에너지 절감률이 50퍼센트, 화장실의 경우 75퍼센트 정도 된다. 회의실(최대 65%)이나 복도(40%), 창고 안의 동굴 같은 공간(75%)의 경우도 마찬가지다.

사무실에서 조명 다음으로 에너지 소비가 가장 두드러진 것은 사무기기다. 사무기기의 경우도 조명과 마찬가지로 절약의 최대 관건은 간단하게도 스위치를 끄는 것이다. 여기서는 우리가 온종일 쳐다보곤 하는 디지털 창인 데스크톱 컴퓨터가 제일 큰 비중을 차지한다. 컴퓨터와 모니터는 어디에나 있는 것이기 때문에, 언제나 켜진 상태로 전력을 소모하는 것은 어느 사무실에서나 볼 수 있는 풍경이 되어 버렸다. 전 세계의 사무실에 있는 무수히 많은 컴퓨터들이 밤마다 윙 소리를 내며 돌아가고, 모니터에는 "당신은 매트릭스에 갇혀 있다"라는 화면보호기 문구가 빙빙 돌아다닌다. 그런 컴퓨터의 전원을 끄면 시간당 675킬로와트의 전기가 절약되며, 매년 400킬로그램의 온실가스 배출을 막을 수 있다. 벽에 붙어 있는 복사기는? 이 괴물을 밤마다 끈다면 희한하게도 상태가 불량한 출력물이 사장님의 미결재 서류함에 놓이는 일이 줄어들 뿐만 아니라 매년 4톤이나 되는 배출량을 막을 수 있다.

스위치 끄는 이야기를 하던 참이니 잠시 화면보호기 이야기를 해 보자. 이 움직이는 문구나 가상 수족관, 〈스타트렉〉 장면은 처음 2초 동안은 재미있을지도 모르지만 에너지 절약에는 아무 도움이 되지 않는다. 오히려 점심을 먹으러 나간 사이에도 모니터와 본체를 계속 켜 놓기만 한다.

냉장고에도 에너지 효율이 훨씬 뛰어난 절전형이 있듯이, 사무실의 프린터도, 여러분이 일하는 층에서 함께 쓰기 위해 주문하는 복사기도, 책상마다 놓여 있는 컴퓨터에도 기후 친화적인 것과 그렇지 않은 것이 있다. 에너지를 지나치게 많이 잡아먹는 사무기기 대신 "친환경" 인증을 받은 것으로 쓰는 동시에 밤마다 스위치를 잘 꺼 주면 온실가스 배출을 거의 4분의 3까지 막을 수 있다. 이는 컴퓨터 한 대당 반 톤, 복사기 한 대당 5톤 이상에 해당하는 양이다. 사무실에 새 프린터나 팩시밀리가 필요한가? 되도록 레이저 프린터는 피하자. 잉크젯은 매년 20킬로그램 정도인데 비해 레이저 프린터는 500킬로그램 정도의 온실가스를 유발한다.

사무실용 프린터든 팩시밀리든 스캐너든 마찬가지다. 에너지 효율이 좋은 것을 고르자. 그러면 프린터가 100페이지나 되는 휴대폰 사용자 매뉴얼을 출력하지 않는 동안, 팩스가 지방만 섭취하는 다이어트에 대한 안내문을 받지 않는 동안 저절로 꺼짐으로써 에너지 낭비 및 온실가스 배출량을 최대 50퍼센트까지 줄일 수 있다.

자판기의 경우 매년 2톤가량의 온실가스를 유발하는데, 에너지 절약형을 선택하면 그 양을 크게 줄일 수 있다. 그리고 움직임 감지 기능 — 카페인이나 초콜릿에 목마른 소비자가 다가올 때에만 자판기의 불빛이 켜지는 기능 — 을 이용하면 배출량을 반으로 줄일 수 있다. 2000년에 아이다호 주 모스코에 있는 학교들이 자판기 스무 대를 에너지 절약형으로 교체했다. 그랬더니 결과가 너무 좋아서 인근의 사무실과 공공 건물에 있는 자판기 250대도 교체되었다. 그 결과 절약된 에너지는 매년 온실가스 200톤에 해당하는 양이었다.

에너지를 집중적으로 많이 쓰는 슈퍼마켓이나 음식점 등에서 에너지 효율이 좋은 기기를 쓰면 그 효과는 더욱 커질 수 있다. 자판기의 경우와 마찬가지로, 식품 보관용 냉장고와 냉동고를 에너지 효율이 더 좋은 것으로 바꾸고 관리를 잘하면 온실가스 배출을 반으로 줄일 수 있다.

일터에서의 직접적인 에너지 사용 이외에 어디를 가나 기후에 아주 큰 부담을 주는 것이 있다. 책상에 널려 있고, 캐비닛을 가득 메우고 있으며, 선반에 쌓여 있고, 휴지통에 넘쳐나는 것. 바로 종이이다.

인터넷이 막 세계적으로 퍼져 나가는 무렵이던 1990년대 초, 지금 내가 쓰고 있는 것과 같은 개인용 컴퓨터는 이미 매년 1,150억 톤의 종이를 먹어치우고 있었다. 이제는 미국만 하더라도 고속 인터넷망과 이메일이 대부분의 사무실에서 표준이 되어 있는데도 레이저 프린터는 매년 1조 페이지 이상을 출력해 대고 있으며, 종이 소비량 역시 매년 20퍼센트씩 계속해서 늘어나고 있다. 한 사람이 매일 출력하는 양이 100장이나 된다고 한다. 그중에 대부분은 금세 쓰레기통에 처박히고 만다. 사무실에서 일하는 사람 한 명이 일 년 동안 쓰는 종이에 사용되는 에너지가 매년 100킬로그램이 넘는 온실가스를 배출한다. 그것도 매립장에 묻히기 전까지의 이야기다.

사무실에서의 종이 사용 및 인터넷의 효과에 대한 조사를 하는 동안 나는 무엇을 했나? 내 컴퓨터를 썼고, 온라인으로 문서를 찾아보았으며, 그것을 읽기 위해 출력을 했다(물론 양면으로 했다). 이메일에 대해서 나는 사무실의 종이 사용을 줄이게 될 것이라고 생각했다. 확실히 우리는 종이에 적은 편지나 메모를 이전만큼 보내지 않는다. 하지만 내 예상은 틀렸다. 실제로는 조직 내에서 이메일 때문에 종이 사용량이 40퍼센트나 늘었던 것이다.

얇게 썬 숲을 일터에서 어떤 식으로 아껴 쓰는지는 전기 스위치를 끄는 것처럼 간단히 할 수 있는 일이다. 에어컨 판매 확대에 대한 중간 보고서를 500부나 만들어야 하는가? 그렇다면 양면 복사 버튼을 눌러 종이 사용을 반으로 줄이자.

여러분이 사무실에서 쓰는 문구류 보관 캐비닛 열쇠를 갖고 있거나 종이 배급에 관여하고 있을 경우, 재생지를 주문하면 기후에 끼치는 악영향을 크게 줄일 수 있다. 그렇다고 거칠거칠한 종이나 허옇게 표백 처리된 종이를 쓰라는 말은 아니다. 재생지 가운데 상당수는 에너지를 훨씬 많이 잡아먹는 새 종이와 거의 구분이 되지 않는다. 회사 전체가 재생지를 쓰면 에너지와 기후 면에서 절감 효과가 엄청나다. 복사기는 양면 복사 기능을 사용하고 재생지를 쓰면, 종이 100다발에 매년 나무 두 그루와 온실가스 1톤을 줄일 수 있다. 사무실에서 쓴 종이를 매립지로 보낼 것이 아니라 재생하기 위해 분류를 해도 상당한 효과를 거둘 수 있다. 일요판 신문의 경우와 마찬가지로 1킬로그램을 재생하면 온실가스 2킬로그램을 줄일 수 있다.

일터에서 캔, 유리 등을 재생용으로 분리해도 상당히 큰 효과를 거둘 수 있다. 사무실에서 점심을 때우는 사람들이 매일같이 쏟아내는 알루미늄 캔의 양을 한번 생각해 보자. 우리는 매주 5일, 일 년에 48주를 회사에서 보낸다. 일 년에 1톤쯤 된다고 가정했을 때, 이런 캔을 전부 처음으로 만들려면 약 20톤의 온실가스가 유발된다. 이것을 전부 재생하면 이듬해의 온실가스 배출량은 3톤밖에 되지 않을 것이다.

괴물처럼 큰 복사기는 상당한 에너지 절약과 온실가스 절감을 이룰 수 있는 좋은 예다. 일반적인 복사기는 7년의 수명 동안 온실가스 80톤에 해당하는 전기와 종이와 토너 카트리지를 소모한다. 복사기 한 대가 웬만한 집 두 가구만큼이나 배출하는 셈이다. 에너지 절약형 모델, 양면 복사, 재생지 및 재생 카트리지를 사용하면 에너지 사용을 75퍼센트까지 줄일 수 있으며, 나무 50그루를 베어 내지 않아도 된다.

앞서 이야기한 사람처럼 먼 곳에 있는 통나무집에서 재택근무를 하는 경우도 마찬가지다. 재택근무를 하면 일반적인 프린터, 팩스, 작은 복사기, 컴퓨터 등에 드는 에너지가 매년 2톤 정도의 온실가스를 배출한다. 에너지 효율이 좋은 기기와 설정을 사용하고, 사용하지 않을 때 스위치를 끄면 온실가스 배출을 60퍼센트 줄일 수 있다. 1년이면 1톤이 넘는 양이다. 집에서 사용하는 종이도 마찬가지다. 양면 출력을 하고 필요 없는 종이를 재생하면 매년 유발되는 온실가스가 500킬로그램에서 50킬로그램 이하로 떨어질 것이다.

직장에서 에너지를 가장 많이 잡아먹고 온실가스를 가장 많이 배출하는 주범은 대개 난방과 냉방이다. 여기서도 온도 조절 장치에 손대기 전에 우선 에너지 효율이 좋은 기기를 선택하면 아주 큰 효과를 낳을 수 있다. 에너지 낭비가 적으면 덜 더울 것이고, 그만큼 에어컨을 펑펑 틀 필요도 줄어든다. 평균적인 사무실의 경우, 에너지 효율이 좋은 기기를 쓰면 에어컨에 드는 전력이 3분의 1로 줄어든다. 그 다음엔 물론 온도 조절기에 손을 댈 수도 있겠지만, 그것은 우리의 통제력을 곧잘 벗어나는 것이다.

사무실이 너무 더우면 난방기 온도를 낮출 수도 있다. 하지만 얄밉게도 대부분의 사무실에서 온도 제어판은 문구류 캐비닛 열쇠보다 더 엄격한 통제를 받고 있다. 그래서 온도 조절기 관리자인 바버라의 분노를 사기보다는 사무실 곳곳에 선풍기를 놓아 과열된 공기를 식히려 하고, 그 때문에 전기도 더 잡아먹고 때로는 종이가 날리기도 한다. 탁 트인 널찍한 사무 공간에서는 전기로 하는 난방과 냉방 사이에 끊임없는 싸움이 벌어지지 않도록 할 수 있는 권한이 각 부서의 상사에게 있다. 그들이 그렇게 할 수 있다면 — 바버라에게는 자기만 쓸 수 있는 난방기를 주고 나머지 사람들에게는 열을 좀 식힐 수 있도록 해 주면 — 에너지 절약과 배출량 감축의 효과는 클 것이다. 과연 얼마나 클까? 존 카본을 마지막으로 찾아가 보자.

존의 사무실은 앨라배마 그린빌 남쪽의 빌딩 숲에 있다. 오늘도 그는 카풀을 하는 사람들과 함께 차를 타고 일찍 출근을 했다. 매일 아침 도로를 가득 메우는 다른 사람들을 피하기 위해서였다. 그는 곧 차로 꽉 찰 주차장에서 금세 빈자리를 찾아 차를 댄 뒤 전면이 번쩍번쩍하는 유리 건물로 걸어간다. 이른 시간인데도 200명이 일하는 사무 공간에 불빛이 휘황찬란하다. 회사의 앨라배마 본부인 이곳에는 200대의 컴퓨터, 20대의 네트워크 레이저 프린터, 다섯 대의 팩시밀리, 다섯 대의 스캐너, 다섯 대의 거대한 복사기가 시시각각 전기를 어마어마하게 잡아먹고 있다. 엄청난 에너지 낭비에 대해 무언가를 해야 한다고 생각하던 존은 이제 지역 책임 관리자가 되어 나름의 권한을 갖게 되었고, 그래서 직장에서의 에너지 사용과 비용, 온실가스 배출을 줄이기로 작심했다.

그는 당장 조명 시스템에 점유 탐지기를 설치하여 조명으로 인한 에너지 사용을 곧장 절반으로 떨어뜨리고 온실가스를 매년 19톤이나 줄였다. 바로 다음 달부터 전기요금이 대폭 줄어든 것에 고무된 그는 컴퓨터와 복사기 등 에너지를 엄청나게 잡아먹는 모든 기기들을 에너지 절약 모드로 설정하고 사용하지 않는 밤 시간에는 끄도록 했다. 남들이 떠난 뒷자리를 잘 챙기는 사람 몇 명을 선정하기도 하는 등의 노력을 한 결과, 존은 금세 사무기기의 에너지 낭비를 60퍼센트 줄일 수 있었다. 이렇게 하자 재생은 건물 전체에서 당연한 과제가 되어 버렸다. 쓰레기통은 예전 — 처음 쓴 종이로 가득했다 — 과 달리 종이, 캔, 병을 재생할 수 있도록 꼼꼼히 분리하는 공간으로 변했다.

회사 차량 열 대에 대한 리스를 갱신할 때가 되었는데, 더 이상 3,500cc급 대형 승용차는 타지 않기로 했다. 대신에 영업 부원들은 훨씬 적은 비용에 이중 연료로 가는 작은 차를 타게 되었다. 이렇게 간단한 변화만으로도 온실가스 배출을 매년 50톤이상 줄이게 되었다. 게다가 자전거 보관대를 새로 설치하고, 땀을 뻘뻘 흘리면서 무시무시한 도로를 따라 용감하게 자전거로 통근하는 사람들을 위해 샤워 시설을 만들고, 카풀 이용자들에게는 주차장을 무료로 쓸 수 있게 함으로써 진정으로 기후 의식이 있는 직장을 한창 만들어 나가고 있다.

이런 일들을 통해 존은 직장에서 매년 150톤 이상의 온실가스 배출을 막았다. 이는 자동차 열 대 이상을 도로에 아예 나오지 못하도록, 즉 한 건물 안에서 일하는 한 사람당 약 1톤의 온실가스 배출을 막은 셈이다. 샌프란시스코의 본부에 있는 존 카본의 고용주도 기뻐할 것이다. 그는 매년 3만 달러 이상의 전기 요금을 줄였다. 회사 차량의 연료 및 임대료를 절약했고, 종이 값 등을 절약함으로써 존은 지역 사무소에 상당한 크리스마스 보너스를 안겨 줬으며, 다른 지역 사무소들도 따라야 할 표준을 만들었다.

온실가스 배출량 2800톤을 감축한 〈가디언〉

직장에서의 권력 서열을 따라 올라갈수록 배출량을 줄일 수 있는 가능성은 점점 커진다. 자전거를 타고 출근하기를 권장하고 회사 소유의 차를 연비가 더 좋은 것으로 바꾸는 것뿐만 아니라, 재생 가능 전기를 택한다거나 사무실의 분리수거에 재정적인 지원을 한다거나 기후를 의식하는 건물을 짓는다거나 하는 선택이 가능해진다.

회사 차원에서의 그러한 실천은 이미 상당한 파급 효과를 낳고 있다. 미국의 경우 "에너지스타 프로그램"이 13,000개의 크고 작은 기업에까지 확산되었다. 이 프로그램은 처음 시작된 해인 1992년 이후로 미국 기업의 에너지 사용을 시간당 약 550억 킬로와트 절약한 것으로 평가된다. 온실가스로 환산하면 3천만 톤에 해당하는 양이다.

영국에서는 나의 연구 자금을 지원해 주는 기관인 자연환경 연구위원회에서 해마다 환경 감사를 실시하고 있는데, 전반적인 환경 피해를 줄이자는 것이 취지다. 에너지 사용을 줄이는 것에서부터 종이 낭비를 줄이는 것에 이르기까지, 이러한 기관 차원의 환경 활동은 직접적인 비용 절감 방안으로 더욱 자주 이용되고 있다. 이는 대중적인 이미지를 재고하기 위해서 이루어지기도 하고, 아니면 순전히 이타적인 의도 때문 이루어지기도 한다.

일간신문 〈가디언〉의 경우 현재 "탄소재단"의 연례 감사를 받고 있다. 그 때문에 처음에는 아주 불쾌한 사실을 알게 되었다. 사무실 1제곱미터당 온실가스 유발량이 매년 418킬로그램(슈퍼마켓보다 훨씬 심각한 수치다)이라는 것이었다. 그러던 것이 지금은 "우수 사례" 수준인 95킬로그램으로 떨어졌다. 이는 신문사 전체로 볼 때 거의 80퍼센트 — 매년 온실가스 2,800톤 수준 — 의 절감을 뜻한다. 이는 환경에 끼치는 피해를 줄이는 데 민감한 이 신문사로서는 대단한 소식이다. 살림살이에도 큰 도움이 되어 매년 절약하게 된 돈이 12만 파운드나 되었다.

또 하나 빠뜨릴 수 없는 사례가 있다. 세계자연보호기금이 "기후구조 프로그램"이라는 것을 통해 세계의 많은 기업들에게 배출량을 줄이도록 한 것이다. 요컨대 우리가 다니는 직장에 처음으로 분리수거함이 등장하는 것에서부터 굴지의 대기업들에 대한 환경 감사에 이르기까지, 기후변화를 완화하기 위한 행동이 이루어지고 있다.

우리가 환경에 대해 가지는 의식이 큰 파장을 일으킬 수 있는지 이야기하는 김에, 우리의 태도가 최고 권력자까지 어떻게 변화시킬 수 있는지를 언급할 필요가 있겠다. 정치인들은 대중의 의견에 호응하지 않으면 다음 선거 때 권좌에서 물러나게 된다는 것을 너무나 잘 알고 있다. 대형 할인점과 슈퍼마켓의 주인, 가전제품 제조자도 마찬가지다. 디지털 텔레비전의 전원이 완전히 꺼지지 않는다는 불만을 충분히 많은 사람들이 제기하면 제조사는 전원 차단 스위치를 표준으로 하는 작업을 당장 시작하게 되어 있다. 대형 매장에서 절전형 전구가 많이 팔려 나가면 작은 철물점들도 요금 절약형 전구를 당장 갖다놓기 시작할 것이다.

우리의 아래로부터의 힘이 슈퍼마켓 체인점에서부터 대통령이나 총리에 이르기까지, 권력자의 결정에 끼치는 영향은 아무리 과장해도 지나치지 않다. 막대한 권력을 가진 이들도 결국은 사람이다. 그들 역시 우리처럼 기후변화의 위협을 받는 가정과 아이들과 친구가 있다. 영국의 경우, 여왕도 최근에 독일에서 기후변화에 관한 학술회의를 열기까지 했다. 그것은 기후 문제에 대한 우려와 왕실이 기후에 끼치는 영향을 줄이겠다는 의도를 피력하는 차원이었다.

정치적인 관점에서 볼 때, 개인 차원의 온실가스 예산 절감을 국가 차원의 것으로 전환하도록 권장하고 실행하는 것은 앞으로 실현성이 있는 방법 같다. 최근 들어 이 분야에 대한 정부의 관심은 확실히 높았다. 영국 정부는 더 나은 정보, 재정적인 유인, 더 엄격한 규제를 통해 가정 내 에너지 효율을 높이려 하고 있다. 이러한 방침이 잘 이행된다면 영국의 탄소 배출량은 2010년이면 500만 톤 정도 줄어들 것이라고 한다. 그것도 대기업들의 비위를 거스르지 않으면서 말이다. 다른 정부들은 개인 차원의 배출량을 줄이는 데 더욱 적극적이다. 오스트레일리아의 온실가스청Greenhouse Office의 경우 "시원한 지역 사회"라는 프로그램에 자금을 지원하여 개인이 배출량을 줄일 수 있는 방법에 대한 정보뿐만 아니라 지역사회별로 가정의 온실가스 감축 방안을 이행하도록 보조금을 주고 있다.

개인의 의식을 향상시키는 방법을 통해 온실가스 감축에 드는 비용이 어느 정도인지를 알 수 있는 분명한 수치는 없다. 하지만 선진국들이 이런 식으로 하면 엄청난 변화가 생길 수 있다는 데는 별 이견이 없다. 예전의 존 카본처럼 SUV를 몰고 다니는 백만 명의 사람들이 자신의 삶을 기후 의식이 있는 새로운 생활양식으로 바꿀 경우 온실가스 배출량은 한 해 1천만 톤 이상 줄어들 것이다.

앞으로 우리는 에너지 절약을 호소하는 전단지나 쓰레기 재생 방안, 대중의 의식을 일깨우는 광고지를 상당히 많이 접하게 될 것이다. 기후 세금이라는 당근과 채찍도 더 많아질 것이며, 급격한 기후변화로 인한 비참한 결과를 다룬 텔레비전 프로그램도 더 늘어날 것이다. 우리 아이들은 갈수록 우리를 원망할 것이다. 하지만 결국 모든 건 우리의 선택에 달려 있다.

연기가 뭉게뭉게 피어오르는 발전소에서부터 자동차로 붐비는 도로에 이르기까지, 온실가스 배출량은 워낙 막대해서 우리의 행동은 아무 의미가 없어 보이기까지 한다. 하지만 그런 발전소에서 만들어지는 전기 중 상당량은 빈 사무실을 밝히는 데, 그리고 우리 가정의 대기 전력 등에 낭비되고 있다. 미국만 봐도 대기 전력으로 인한 에너지 낭비는 웬만한 규모의 발전소 스물여섯 곳에서 만들어 내는 전기의 양과 맞먹는다. 사실 온실가스 배출량 가운데 가장 큰 부분을 차지하기 때문에 인간이 야기하는 기후변화에 제동을 걸기 위한 관건이 되는 것은 우리가 매일 같이 쓰는 에너지와 화석 연료다.

선진국에서 배출하는 온실가스의 4분의 1은 가정에서 나오는 것이며, 또 4분의 1은 교통수단에서, 그리고 나머지 가운데 대부분은 직장에서 비롯된다(〈그림 17〉 참조). 이제 이 배출량 파이에서 큼직한 부분을— 앞에서 우리가 가능하다고 알아본 만큼— 떼어 낸다고 해 보자. 예컨대 교통으로 인한 배출량 가운데 60퍼센트를, 가정 내 배출량 가운데 4분의 3을, 기업 부문 배출량의 큰 부분을 떼어 낸다고 해 보자. 21세기부터 기후변화의 심각성을 결정하는 것은 우리가 몰 승용차를 선택하는 것에서부터 밤에 사무실의 컴퓨터를 끄는 데 이르기까지, 우리의 다양한 선택에 달려 있다.

개인적인 차원에서 이렇게 배출량을 줄일 수 있는 동시에 개

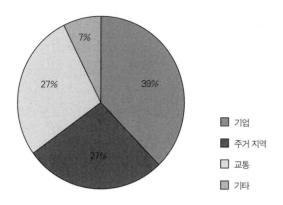

그림 17 최상위 이용자의 이산화탄소 배출량(영국, 2001)

인의 의식도 발전한다면, 우리는 낙관적일 수 있다. 그러면 우리 아이들과 손자들은 온실가스를 무턱대고 배출하는 시나리오로 인한 끔찍한 공포를 당할 필요가 없을 것이다. 우리는 인류 역사상 가장 이기적이고 파괴적인 세대로 기록되는 치욕을 당할 필요도 없을 것이다. 인간이 지구를 통제하는 이 시대—소위 인류세—가 자기 자신과 다른 모든 것을 소멸시켜 버릴 필요도 없을 것이다.

지구의 미래 가상 시나리오

앞에서 온실가스 배출 60퍼센트 감축이라는 환상적인 이야기를 몇 번씩이나 했다. 과학계에서 보기에, 우리가 기후변화로

인한 가장 처참한 결과를 피하기 위해 반드시 필요한 감축 수준
이 60퍼센트라고 했다. 그런데 그 정도로 감축을 하면 우리의
가정과 휴가에, 생계와 건강에 미치는 효과가 얼마나 될까?

지구온난화에 대한 예측은 소위 "배출량 시나리오"라는 것
에 좌우된다. 이는 인간이 택해야 할 여러 갈래의 길이다. 각각
의 길에는 서로 다른 기후가 기다리고 있다. 앞으로 100년 동안
있을 수 있는 인구 증가, 경제 발전, 온실가스 경감의 변화를 포
괄하는 여러 시나리오가 여기에 포함되어 있다.

우리가 가게 될 수 있는 길 가운데 가장 익숙한 것은 이론상
으로 우리의 생활양식을 상대적으로 덜 바꾸면서 갈 수 있는 것
이며, 그 때문에 가장 심각한 결말을 맞을 수 있다. 기후 과학의
세계에서는 이런 길을 소위 "A1 시나리오"의 일종으로 본다.
즉 급격한 경제 성장을 가정하는 일군의 배출 시나리오의 한 갈
래로 보는 것이다. "A1F1"이라고 하는 고배출 시나리오는 화석
연료 사용에 의해 국제적으로 고도의 경제 성장을 이룬 세계를
그린다. 이 세계는 주식 중개인, 군수 재벌, 석유 부호들이 여전
히 지배적인 권력을 장악하며, "무슨 수를 써서라도 돈을 번다"
는 윤리가 계속 통하기 때문에 온실가스 배출량이 계속해서 증
가한다. A1F1 시나리오에 따르면 아직은 잠자고 있는 배출의
거인 중국과 인도가 있으며, 이 두 나라는 19세기와 20세기를
거치면서 서구가 해온 온실가스 고배출의 방식을 채택하여 발
전하게 된다.

이 무시무시한 시나리오에 따르면 세계 인구는 2050년에 절정을 이루었다가 떨어지기 시작한다. 동시에 이 시나리오는 더욱 효율적인 기술의 급격한 발전과 이용을 전제로 한다. 이 길을 가다 보면 온실가스 배출은 결국 2050년에서 2080년 사이에 진정되기 시작한다. 하지만 이 무렵이면 대기 중의 이산화탄소 농도가 지금의 두 배 이상이 될 것이며, 산업혁명 이전 수준(800ppm 정도)의 세 배가 될 것이다. 이렇게 장기간 화석연료를 계속 태우다 보면, 우리는 2조 톤이라는 이산화탄소를 추가로 배출함으로써 기후변화로 인한 재앙의 가능성을 더욱 높이게 된다.

고배출 시나리오의 길은 아직 우리에게 보이지 않지만 첫 굽이만 돌아도 엄청난 위험과 맞닥뜨리게 된다. 예컨대 영국의 고배출 시나리오에 따르면 영국 동쪽 해안 일대에 극심한 해수면 상승, 폭풍우, 홍수가 지금보다 10~20배나 잦아질 것으로 보인다. 고배출의 길을 간다면 기후변화에 관한 정부간 위원회가 적나라하게 내놓은 끔찍한 예측이 현실로 나타날 것이다.

기후변화에 관한 정부간 위원회는 현재 예측할 수 있는 미래상을 다섯 가지의 "우려의 근거"라는 범주로 나누어 밝혀 놓았다(〈그림 18〉 참조). 각각의 우려 항목에는 긴 상자가 있다. 왼쪽 끝은 지금의 상황이다. 오른쪽으로 갈수록 미래이며, 끝은 2100년이다. 이미 간파했을지 모르겠지만 이 다섯 개의 상자는 한 가지 공통점을 갖고 있다. 고배출 시나리오와 지구의 기온이

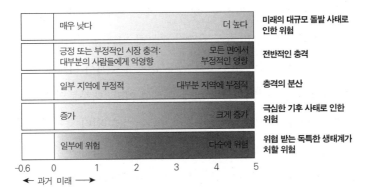

	매우 낮다	더 높다	미래의 대규모 돌발 사태로 인한 위험
	긍정 또는 부정적인 시장 충격: 대부분의 사람들에게 악영향	모든 면에서 부정적인 영향	전반적인 충격
	일부 지역에 부정적	대부분 지역에 부정적	충격의 분산
	증가	크게 증가	극심한 기후 사태로 인한 위험
	일부에 위험	다수에 위험	위협 받는 독특한 생태계가 처할 위험

-0.6 0 1 2 3 4 5

← 과거 미래 →

그림 18 우려의 근거(1990년 이후 지구 평균 기온의 상승)

5도 상승함에 따라 그림자가 짙어진다는 것이다.

맨 위에 있는 상자는 "미래의 대규모 돌발 사태로 인한 위험"이며 지금의 "매우 낮다"에서 좀 불분명하지만 "더 높다"로 이동하고 있다. 이것은 무슨 뜻인지를 알기 전까지는 별로 나빠 보이지 않는다. 이것은 우리의 온실가스 배출이 세계 곳곳에 심각한 충격을 줄 위험성을 말한다. 예를 들어 남극 서부의 대륙 빙하가 붕괴하는 사태를 말하는 것이다. 그럴 경우 해수면이 자그마치 6미터나 올라감으로써 전 지구적으로 숱한 목숨과 재산을 잃는 일이 벌어진다. 북대서양 해류의 대순환이 차단되면서 북아메리카와 유럽 일대가 북극처럼 변해 버리는 사태가 벌어질 수도 있다.

할리우드에서 좋아할 만한 이 상자 아래에 있는 "우려의 근거들"은 그만큼 극적이지는 않지만 위의 것보다 색깔도 짙어지고 그 속도도 더 빨라진다. 처음 두 개는 지구온난화가 초래하는 피해의 경제적 비용과 지역적 분포를 나타낸 것이다. 이 둘은 각각 "일부 지역에 부정적"인 지금의 수준에서 나라의 빈부를 가릴 것 없이 "대부분 지역에 부정적"이며 "대부분의 사람들에게 악영향"을 끼치는 수준으로 옮겨 가고 있다. 그 아래에 "극심한 기후 사태로 인한 위험"과 "위협 받는 독특한 생태계가 처할 위험"을 나타내고 있는 두 상자는 지금 우리가 경험하고 있는 온난화를 반영하여 이미 색이 짙어져 있다. 고배출 시나리오에 따르면 시간이 흘러 오른쪽으로 갈수록 독특한 생태계는 더욱더 심하게 파괴되고, 극심한 기후 사태도 잦아진다.

그렇다면 화석 연료에 의존하는 경제와 배출량이 더욱 늘어나는 A1F1이라는 고배출 시나리오는 부유할지는 모르지만 멸망으로 향하는 길이다. 그런데 고맙게도 우리가 서 있는 기후변화의 갈림길에는 다른 가능성들도 있다. 기후변화에 관한 정부간 위원회에서 사용하는 배출량 시나리오들 중에는 일군의 저배출 시나리오도 있는데 그중 하나가 "B1 시나리오"이다. 이 시나리오에서도 세계 인구는 고배출 시나리오의 경우와 마찬가지로 21세기 중반까지 늘어난다. 하지만 이 시나리오에서는 세계 인구 중 상당수가 높은 수준의 환경 의식을 가진다. 게다가 세계 경제가 훨씬 더 빨리 정보기술 위주로 바뀌어 가고, 중국 같은 팽창 경제도 더욱 지속 가능한 방식으로 발전하게 된다. 세계적으로 우리가 만들고, 쓰고, 버리는 물질의 양도 지속적으로 크게 줄어든다. B1 시나리오에 따르면 이산화탄소 농도는 2080년까지 520ppm 증가하며 지구의 온도는 약 2도 상승한다. 이러한 "최선의 시나리오"는 지구 온도의 상당한 상승을 초래하지만, 적어도 "우려의 근거" 상자에서 시커먼 맨 끝으로 가는 일은 없도록 해 준다.

배출 시나리오 중 이번 세기 중반까지 지구 전체의 배출량이 줄어든다고 보는 것은 하나도 없다. 단 B1 시나리오는 앞으로 현재 배출되고 있는 수준 이하로 떨어질 것으로 본다. 이러한 예측들을 근거로 할 때, 고배출의 A1 시나리오에서부터 저배출의 B1 시나리오에 이르기까지 우리에게 열린 모든 길은 어쨌든 일자리와 집과 생명의 대규모 손실로 이어지게 되어 있다. 그런데 우리의 기후변화 갈림길에는 또 하나의 길이 있다.

그것은 기후변화 모델을 연구하는 사람들이 간과한 길이라고 할 수 있다. 이 길은 지구적으로 온실가스 배출을 줄이기 위해 국제적인 기후변화 운동이나 온실가스를 전혀 배출하지 않는 신기의 기술 개발, 심지어 지구 인구의 감소에 의존하는 것이 아니다. 그 길은 개인의 의식과 행동이 이끌어 낼 수 있는 길이다. 이 길은 예측하기는 까다로워도 엄청난 잠재력을 갖고 있다. B1 시나리오에서 중요한 부분을 차지하는 환경 의식의 향상은 급격한 기후변화의 뚜렷한 증거 — 기후변화가 초래할 기근, 홍수, 전염병에 대한 우리의 집단적인 공포 — 에서 비롯될 것이다. 그렇다면 우리가 지금 행동에 나서면 미래는 어떻게 변

할까? 기후변화가 우리에게 닥쳐오기 전에 우리가 먼저 대처한 다면?

이는 자동차, 비행기, 전기 조명을 전부 없애면 된다는 허황된 시나리오가 아니다. 오히려 현실성이 높은 시나리오다. 그것은 전 세계의 카본 가족들이 각자의 몫을 할 때, 바버라 같은 수많은 사람들이 사무실에서 에너지 사용을 줄일 때, 심지어 가레스 같은 친구들이 컴퓨터를 끄고 자전거로 출퇴근을 할 때 가능한 일이다. 개개인으로 볼 때 그들은 기후변화로 가는 길 위의 모래알에 불과하다. 하지만 모두 힘을 합치면 가는 길을 완전히 바꿔 버릴 수 있다.

우리가 개인적인 차원에서 가능하다고 본 절감의 효과를 지구적인 차원으로 확대해서 추정해 보자. 그러면 지구 전체의 온

그림 19 물에 잠긴 홍수 주의 표지판

실가스 감축량은 「교토의정서」가 요구하는 수준의 여섯 배에 달할 것이다. 우리 각자가 가정에서, 교통수단에서, 일터에서 유발하는 배출량이 그런 식으로 떨어진다면 우리는 새로운 시나리오를 쓸 수 있다. 기후변화에 관한 정부간 위원회의 방식을 따라 그것을 "C1 시나리오"라 부르자. 이 시나리오가 제시하는 미래는 2080년의 이산화탄소 농도가 500ppm 이하이고, 지구 온도가 2도 이내로 올라가며, 기후변화로 인한 최악의 재앙을 모면하는 미래이다.

이러한 C1 시나리오의 길은 우리가 진정으로 변화를 일으킬 수 있는, 우리 모두에게 열려 있는 길이다. 우리는 지금 그러한 기후변화의 갈림길에 서 있다.

어떤 길을 선택하겠는가?

올해는 좀 덜 더운 것 같다. 물론 아직까지 그렇다는 이야기
다. 아직 장마가 끝나지 않았으니 그 뒤가 어떻게 될지는 아무
도 모른다. 비교적 덜 덥게 여름을 넘긴다면, 연례행사가 되어
버린 홍수 피해를 덜 겪고 넘어간다면, 참 운이 좋을 것이라고
생각한다.

그런가 하면 올해에도 빠짐없이 우울한 소식이 있었다. 이
지구상에서 꿀벌이 사라지고 있다는 것이다. 일찍이 아인슈타
인은 꿀벌이 사라지면 인류가 4년을 버티지 못할 것이라고 예
언한 바 있다. 원인이 살충제건 지구 전역을 뒤덮고 있는 휴대
폰 송수신망이건 인간이 초래한 것이라는 점은 대부분의 사람
들이 직감으로 알 것이다. 어디 꿀벌뿐이겠는가. 우리 때문에
급속도로 사라져 가고 있는 생명들은 이루 헤아릴 수 없다.

"위대한" 인류 문명 덕분에 히말라야와 안데스와 킬리만자로의 만년설이, 남극과 북극의 빙하가 빠르게 녹고 있다. 해수면이 올라가면서 이미 물에 잠겨 가고 있는 섬나라들이 있고, 지구 곳곳에서 환경 난민이 늘어나고 있다. 더욱 심각한 문제는, 이 책에서도 언급되지만 빙하라는 게 온도가 어느 정도 올라갈수록 녹는 속도가 어느 순간 대대적으로 빨라짐으로써—예컨대 남극의 대륙 빙하가 통째로 붕괴하면서—해수면이 기하급수적으로 올라갈 수 있다는 점이다. 1미터가 아니라 20미터 이상일 수 있다는 이야기도 나오고 있다. 서울도, 뉴욕도, 동경도 다 잠긴다는 뜻이다.

그냥 무심히 넘기거나 애써 무시하거나 알지만 자포자기하거나, 이대로 가면 대재앙과 파국을 면할 수 없다. 타이타닉이 따로 없다. 자 그러면 과연 어떻게 해야 할까?

이 책은 어찌 보면 천진스럽게 우리 집부터, 나부터 변하자고 호소한다. 가장 쉽고 기본적이지만, 그만큼 소홀해지기 쉬운 소리다. 사실 내 경우만 해도 기후변화와 관련된 책을 몇 권 번역하면서 속으로는 "그래 봤자다"라는 냉소적인 마음을 품을 때가 많았다. 대안으로 내놓는 이런저런 아이디어들이 피상적이고 원론적이며, 실현 가능성이 없다고 생각했던 것이다. 무언가 근본적인 전환이 아니면 우리가 탄 배의 난파를 막을 수 없다고 회의했던 것이다. 그런데 이번 책의 경우 저자의 천진함이 어딘가 다르게 다가오면서 개인적으로 반성할 수 있는 계기를 만들어 주었다.

나름대로 지구에 부담을 덜 남기는 삶을 살고 싶어 하면서 내가 과연 얼마나 "내 몫"을 하고 있느냐는 자괴감이 들었다. 그러면서 냉소와 회의를 잠시 미루고, 다시 기본으로, 실천으로 돌아가야 하지 않겠느냐는 생각을 갖게 했다. 좀 피곤한 일일 수도 있지만 저자처럼 우리 생활의 모든 면을 에너지로 환산해 볼 줄 아는 눈이 필요한 것이다. 또한 풍요의 시대에 태어나—질은 좀 떨어질지언정—옛날에는 왕후장상도 누리지 못하던 사치와 낭비를 누리는 우리를 미래 세대가 얼마나 경멸하게 될지를 섬뜩하게 여길 줄 아는 상상력과 감수성이 필요한 시점이다.

지금 우리에게 그만한 풍요를 누릴 권리는 없다. 사실 우리는 남의 것을—우리의 후손과 지구촌 곳곳에서 굶다 죽어가는 아이들의 것을—도둑질해 살고 있는 것이다. 자기 생활의 모든 면면에서 우리가 누리는 지나친 것들, 이를테면 과식, 과음, 과속, 과용은 그만큼 폭력이다. 누군가가 굶고 있고 죽어 가고 있다는 사실을 늘 의식한다면 줄이지 않을 수 없을 것이다. 우리에게 그런 감수성이 남아 있지 않다면 우리가 구원받을 길은 없다는 느낌마저 든다.

이 책의 또 다른 미덕이라면 딱딱한 통계 이야기를 어느 선진국 가정의 흥미로운 역사와 실천과 미래의 이야기로 풀어냈다는 점이다. 이런 이야기를 보면서 우리도 이제는 선진국 진입만을 외쳐댈 게 아니라 지구 온난화의 주요 원인 제공자로서 책임을 질 줄 아는 자세를 가져야 하지 않을까. 기름 한 방울 안 나는 나라라며 온 국민을 긴장하게 만들고 에너지 절약을 강요하던 나라가 자동차 주요 수출국이 되더니 그런 소리는 쑥 들어가 버리고 소비가 미덕이라는 소리만 판을 치는 것 같다. 비정규직 노동자 1천만 시대를 앞둔 나라의 집 평수와 자동차 배기량은 갈수록 커져만 가고 있다. 본의든 본의가 아니든, 구조적인 문제든 구조적인 문제가 아니든, 내 자신도 여러 면에서 예외가 아니라는 점이 가슴을 무겁게 짓누른다. 더 부끄러워지기 전에 처음으로 돌아가 고민하고 실천하고 싶다.

2007년 초복

이한중

도움받은 책과 자료

1 나는 온실가스를 얼마나 내뿜을까?

Australian Greenhouse Office (2001) *Global Warming: Cool it!*
http://www.greenhouse.gov.au/gwci/

Central Alabama Electric Cooperative. *Residential Energy Calculator.*
http://touchstoneenergyhome.apogee.net/index.asp?id=centralal

Department of the Environment and Transport in the Regions (DETR). *Vehicle
Certification Agency Emissions Database.* http://www.vcacarfueldata.org.uk/search
_form_basic.asp

Energy Information Administration. Average Electricity Emission Factors by
State and Region, USA. http://www.eia.doe.gov/oiaf/1605/e-factor.html

Friedland, A. J., Gerngross, T. U. and Howarth, R. B. (2003) Personal
decisions and their impacts on energy use and the environment.
Environmental Science and Policy, **6**, 175-9.

Greenhouse Gas Online. http://www.ghgonline.org/

Intergovernmental Panel on Climate Change (IPCC) (1999) *Air Transport
Operations and Relation to Emissions. Aviation and Global Atmosphere.*
Cambridge University Press, Cambridge.

Liverman, D. M. and O'Brien, K. L. (1991) Global warming and climate
change in Mexico. *Global Environmental Change,* **1**(5), 351-64.

Reay, D. S. (2002) Costing climate change. *Philosophical Transactions of the
Royal Society Series A,* **360**, 2947-61.

United Nations Convention on Climate Change (UNFCCC) (2003) *Caring for*

Climate: a Guide to the Climate Change Convention and the Kyoto Protocol.
http://unfccc. int/resource/docs/publications/caring_en.pdf

US Environmental Protection Agency. *Global warming.* http://yosemite.
epa.gov/oar/globalwarming. nsf/content/index.html

US Environmental Protection Agency. *Greenhouse gas emissions from management of selected materials in municipal solid waste.* http:// www.epa.gov/epaoswer/non-hw/muncpl/ghg/chapter 4.pdf

US Environmental Protection Agency. *Solid waste management and greenhouse gases: a life-cycle assessment of emissions and sinks.* http://www.epa.gov/ epaoswer/non-hw/muncpl/ghg/ghg.htm

WasteWatch. *WasteOnline: In depth information on waste.* http://www. wasteonline.org.uk/

2 행복은 자전거를 타고 온다

Argonne National Laboratory. Center for Transportation Research http://www.transportation. anl.gov/

Australian Greenhouse Office. Fuel Consumption guide: 10 top tips for fuel efficient driving. http://www. greenhouse.gov.au/fuellabel/costs.html#tips

Bureau of Transportation Statistics, US (2003) *America on the Go.* National Household Travel Survey, USA. http://www.bts.gov/programs/national_household_travel_survey/

Caldwell, H. *et al.* (2002) Potential impacts of climate change on freight transport. *The Potential Impacts of Climate Change on Transportation Workshop 2002.* http://climate.volpe.dot.gov/workshop1002/caldwell.pdf

Cooper, J., Ryley, T., Smyth A. and Granzow, E. (2001) Energy use and transport correlation linking personal and travel related energy uses to the urban structure. *Environmental Science and Policy,* **4**, 307-18.

Elsasser, H. and Burki, R. (2002) Climate change as a threat to tourism in the Alps. *Climate Research,* **20**(3), 253-7.

Energy Information Administration, US (1996) *Alternatives to Traditional Transportation Fuels 1994.* Volume 2: *Greenhouse Gas Emissions.* http://www.eia. doe.gov/cneaf/pubs_html/attf94_v2/exec.html

European Environment Agency. *Vehicle Occupancy Rates*. http://themes.eea.eu.int/Sectors_and_activities/transport/indicators/technology/TERM29%2C2002/TERM_2002_29_EU_Occupancy_rates_of_passenger_vehicles.pdf

Fourth Virtual Conference on Genomics and Bioinformatics. 2004. http://www.virtualgenomics.org/conference_2004.htm

Friends of the Earth (FOE). *Why travelling by rail is better for the environment.* http://www.foe.co.uk/pubsinfo/briefings/html/20011012100132.html

FuelEconomy.gov. US Department of Energy. http://www.fueleconomy.gov/

Greene, D. L. and Schafer, A. (2003) *Reducing Greenhouse Gas Emissions from US Transportation.* Report for the Pew Center on Global Climate Change. http://www.pewclimate.org/global-warming-in-depth/all_reports/reduce_ghg_from_transportation/index.cfm

Intergovernmental Panel on Climate Change (IPCC) (2000) *Comparison of Carbon Dioxide Emissions from Different Forms of Passenger Transport. Aviation and the Global Atmosphere.* Cambridge University Press, Cambridge. http://www.grida.no/climate/ipcc/aviation /126.htm

IRFD World Forum on Small Island Developing States. *Challenges, Prospects and International Cooperation for Sustainable Development.* http://irfd.org/events/ wfsids/vc.htm

The Leading Edge: Second National Conference for the Stewardship and Conservation Community in Canada, 2003. http://www.stewardship2003.ca/

Lise, W. and Tol, R. S. J. (2002) Impact of climate on tourist demand. *Climatic Change,* **55**(4), 429-49.

Macedo, I. D. (1998) Greenhouse gas emissions and energy balances in bio-ethanol production and utilization in Brazil. *Biomass and Bioenergy,* **14**(1), 77-81.

Maddison, D. (2001) In search of warmer climates? The impact of climate change on flows of British tourists. *Climatic Change,* **49**(1-2), 193-208.

McCleese, D. L. and LaPuma, P. T. (2002) Using Monte Carlo simulation in life cycle assessment for electric and internal combustion vehicles. *International Journal of Life Cycle Assessment,* **7**(4), 230-6.

National Greenhouse Gas Inventory, Australia (2002) *Energy: Transport. 2002 Inventory and Trends.* http://www.greenhouse.gov.au/inventory/2002/facts/pubs/02.pdf

Prodmore, A., Bristow, A., May, T. and Tight, M. (2003) Climate change, impacts, future scenarios and the role of transport. *Working Paper 33,* Tyndall Centre for Climate Change Research, UK. http://www.tyndall.ac.uk/publications/working_papers/wp33.pdf

Randall, F.j., Driscoll, W., Lee, E. and Lindsay, C. (1998) *Greenhouse gas emission factors for management of selected materials in municipal solid waste.* US Environmental Protection Agency. http://yosemite.epa. gov/OAR/globalwarming.nsf/ UniqueKeyLookup/SHSU5BVP7P/%24File/r99fina.pdf

Reay, D.S. (2003) Virtual solution to carbon cost of conferences. *Nature,* **424,** 251.

Reay, D.S. (2004) Flying in the face of the climate change convention. *Atmospheric Environment,* **38,** 793-4. http://www.ghgonline.org/flyingaea.pdf

Root, A., Boardman, B. and Fielding, W.J. (1996) *SMART: The Costs of Rural Travel.* Energy and Environment Programme, Environmental Change Unit, University of Oxford, UK. http://www.eci.ox.ac.uk/pdfdownload/smartreport.pdf

Sausen, R. and Schumann, U. (2000) Estimates of the climate response to aircraft CO_2 and NOx emissions scenarios. *Climate Change,* **44**(1-2), 27-58.

Scott, B. M. and Plug, L. J. (2003) CO_2 emissions from air travel by AGU and ESA conference attendees. *EOS Transactions,* Fall 2003 Meeting of American Geophysical Union. http://surface.earthsciences.dal.ca/publications/abstracts/scottplug_agu2003.pdf

Shackley, S. *et al.* (2002) *Low carbon spaces area-based carbon emission reduction: a scoping study.* Sustainable Development Commission. http://www.tyndall. ac.uk/research/theme2/fina_reports/sdc_final_report.pdf

Strategic Rail Authority, UK. *The way forward for Britain's railway: relative (CO2) emissions for different modes of transport.* http://www.sra.gov.uk/publications/general/general_The_Strategic_Plan_2002/strategic_planthe_way_forward.pdf

Thomson, S. (2001) *The impacts of climate change: implications for the DETR.* Report for the Department of the Environment, Transport and the Regions by the In House Policy Consultancy Unit, UK. http://www.defra. gov.uk/environment/climatechange/ impacts/pdf/impacts.pdf

Thomson, S. (2003) The impacts of climate change: Implications for Defra. Report for the Department of the Environment, Food and Rural Affairs by the In House Policy Consultancy Unit, UK. http://www.defra.gov.uk/environment /climatechange/impacts2/pdf/ccimpacts_defra.pdf

Toohey, R. (2001) *Travelling beyond boundaries? Catch a bus!: a rural perspective on public transport*. Conference Papers. Institute of Public Works Engineering, Australia. http://www.ipwea.org.au/papers/download/Royce%20Toohey.doc

Tyndall Centre for Climate Change Research. *Carbon emissions from transport: relative (CO_2) emissions for different modes of transport*. http://www.tyndall.ac.uk/research/info_for_researchers/emissions.pdf

UK Department for Transport. *Energy and environment: emissions for road vehicles (per vehicle kilometre) in urban conditions*. http://www.dft.gov.uk/ stellent/groups/dft_transstats/documents/page/dft_transstats_032073.pdf

UK Department of Transport (2003) *GB National Travel Survey*. Personal travel factsheets. http://www.dft.gov.uk/stellent/groups/dft_control/ documents/contentservertemplate/dft_index.hcst?n=7223&l=3

UK National Atmospheric Emissions Inventory. *Road Transport*. http:// www.aeat.co.uk/netcen/airqual/naei/annreport/annrep98/app1_29.html

US Environmental Protection Agency. *On the Road*. http://yosemite.epa. gov/OAR/globalwarming.nsf/content/EmissionsIndividualOntheRoad.html

US National Biodiesel Board. http://www. biodiesel.org/

Vehicle Certification Agency (VCA). *Car fuel data*. UK Department of Transport. http://www.vcacarfueldata. org.uk/

Wang, M., Saricks, C. and Santini, D. (1999) *Effects of fuel ethanol use on fuel-cycle energy and greenhouse gas emissions*. Center for Transportation Research. Argonne National Laboratory. http://www.transportation.anl.gov/ pdfs/TA/58.pdf

Wang, M., Saricks, C. and Wu, M. (1997) *Fuel-cycle fossil energy use and greenhouse gas emissions of fuel ethanol produced from US Midwest corn*. Report for Illinois Department of Commerce and Community Affairs. Center for Transportation Research. Argonne National Laboratory. http://www. transportation.anl.gov/pdfs/TA/141.pdf

Wasteline. WasteOnline UK. *End-of-life vehicles*. http://www.wasteonline.
org.uk/resources/InformationSheets/vehicle.htm

Yang, M. (2002) *Climate change and GHGs from urban transport*. Asian
Development Bank. Transport, Planning, Demand Management and Air
Quality Workshop. Manila, Philippines. Document 10b. http://www.
adb.org/Documents/Events/2002/RETA5937/Manila/down loads/cw_1OB_
mingyang.pdf

3 집안에서 새나가는 에너지

Australian Consumers' Association. *Standby Wattage - Standby Wastage*.
http://www.choice.com.au/viewArticle.aspx?id=102226&catId=
100447&tid=100008&p=1

Australian Greenhouse Office. *Embodied energy*. http://www.greenhouse.
gov.au/yourhome/technical/fs31.htm

Australian Greenhouse Office. *Strategic study of household energy and
greenhouse issues*. Prepared by Sustainable Solutions Pty Ltd, June 1998.
http://www. greenhouse.gov.au/coolcommunities/strategic/

Australian Institute of Energy. *Energy value and greenhouse emission factor
of selected fuels*. http://www.aie.org.au/melb/material/resource/fuels.htm

California Energy Commission. *Consumer tips for appliances*. http://
www.consumerenergycenter. org/homeandwork/homes/inside/appliances/

Coley, D. A., Goodliffe, E. and Macdiarmid, J. (1998) The embodied energy
of food : the role of diet. *Energy Policy*, **26**(6), 455-9.

Community Carbon Reduction Project (CRED), UK. http://www.cred-
uk.org/index.aspx

Crawford, R. H. and Treloar, G. J. (2004) Net energy analysis of solar and
conventional domestic hot water systems in Melbourne, Australia. *Solar
Energy*, **76**(1-3), 159-63.

CSIRO Manufacturing & Infrastructure Technology. *Embodied Energy*.
http://www.cmit.csiro.au/brochures/tech/embodied/

Durrenberger, G., Patzel, N. and Hartmann, C. (2001) Household energy consumption in Switzerland. *International Journal of Environment and Pollution*, **15**(2), 159-70.

Glover, J., White, D. O. and Langrish, T. A. G. (2002) Wood versus concrete and steel in house construction: a life cycle assessment. *Journal of Forestry*, **100**(8), 34-41.

Hashimoto, S., Nose, M., Obara, T. and Moriguchi, Y. (2002) Wood products: potential carbon sequestration and impact on net carbon emissions of industrialized countries. *Environmental Science and Policy*, **5**, 183-93.

Jungbluth, N., Tieje, O. and Scholz, R. W. (2000) Food purchases: impacts from the consumers' point of view investigated with a modular LCA. *International Journal of Life Cycle Analysis*, **5**(3), 134-42.

Kunkel, K. E., Pielke Jr, R. A. and Changnon, S.A. (1999) Temporal fluctuations in weather and climate extremes that cause economic and human health impacts: a review. *Bulletin of the American Meteorological Society*, **80**(6), 1077-98. http://sciencepolicy.colorado. edu/admin/publication_files/resourse-75-1999.11.pdf

Natural Resources Canada (2003) *Energy Use Data Handbook 1990 and 1995 to 2001: Canada's natural resources now and in the future.* http://oee.nrcan.gc.ca/ corporate/statistics/neud/dpa/data_e/Hand book04/Datahandbook2004.pdf

National Assessment Synthesis Team, US Global Change Research Program (2000) *Climate Change Impacts in the United States: The Potential Consequences of Climate Variability and Change.* Cambridge University Press, Cambridge.

Parry, M., Arnell, N., Hulme, M., Nicholls, R., and Livermore, M. (1998) Adapting to the inevitable. *Nature*, **395**, 741.

Reddy, B. V. V. and Jagadish, K. S. (2003) Embodied energy and alternative building materials and technologies. *Energy and Buildings*, **35**(2), 129-37.

Rocky Mountain Institute. *Household Greenhouse Gas Emissions and Savings Measures.* http://www.rmi.org/ sitepages/pid341.php

UK Energy Saving Trust. *My Home.* http://www. est.org.uk/myhome/

US Energy Information Administration. *Historical energy data for the US.*
http://www.eia.doe.gov/neic/historic/hconsumption.htm

US Energy Information Administration. *Monthly energy review, US.*
http://www.eia.doe.gov/emeu/mer/contents.html

US Energy Information Administration. *Residential energy consumption surveys,* US. http://www.eia.doe. gov/emeu/recs/contents.html

US Environmental Protection Agency and US Department of Energy. *Energy Star.* http://www. energystar.gov/

Wiel, S. and McMahon, J. E. (2003) Governments should implement energy-efficiency standards and labels - cautiously. *Energy Policy,* **31**, 1403-15.

Wilson, R. and Young, A. (1996) The embodied energy payback period of photovoltaic installations applied to buildings in the UK. *Building and Environment,* **31**(4), 299-305.

4 수만 킬로미터를 날아온 딸기

Carlsson-Kanyama, A. (1998) Climate change and dietary choices - how can emissions of greenhouse gases from food consumption be reduced? *Food Policy,* **23**(3/4), 277-93.

Carlsson-Kanyama, A. *et al.* (2003) Food and life cycle energy inputs : consequences of diet and ways to increase efficiency. *Ecological Economics,* **44**, 293-307.

Hora, M. and Tick, J. (2001) *From Farm to Table: Making the Connection in the Mid-Atlantic Food System.* Capital Area Food Bank of Washington DC report.

Jones, A. (2001). *Eating Oil: Food Supply in a Changing Climate.* Sustain and Elm Farm Research Centre.

Jones, A. (2002) An environmental assessment of food supply chains : a case study of dessert apples. *Environmental Management,* **30**(4), 560-76.

Kramer, K. J. *et al.* (1999) Greenhouse gas emissions related to Dutch food consumption. *Energy Policy,* **27**, 203-16.

Lawrence, F. (2004) *Not on the Label: What Really Goes into the Food on*

Your Plate. Penguin, London.

Parry, M., Rosenzweig, C., Iglesias, A., Fischer, G. and Livermore, M. (1999). *Global Environmental Change - Human and Policy Dimensions*, **9**: S51-S67 Supplement S.

Pirog, R., Van Plet, T., Enshayan, K. and Cook, E. (2001) Report for Leopold Center for Sustainable Agriculture, Iowa, US. http://www.leopold.iastate.edu/pubs/staff/papers.htm

Siikavirta, H. *et al*. (2003) Effects of e-commerce on greenhouse gas emissions: a case study of grocery home delivery in Finland. *journal of Industrial Ecology*, **6**(2), 83-97.

Subak, S. (1999) Global environmental costs of beef production. *Ecological Economics*, **30**(1), 79-91.

5 뒷마당에서 날씨가 바뀐다

Australian Department of the Environment and Health (2001) *Independent assessment of kerbside recycling in Australia*, Volume 1. NOLAN-ITU Pty Ltd and Sinclair Knight Merz. Manly, NSW. http://www.deh.gov.au/industry/waste/covenant/kerbside.html

Bentham, G. (2002) Food poisoning and climate change. In Department of Health report - *Health Effects of Climate Change in the UK*, 4.2, pp. 81-98.

Bisgrove, R. and Hadley, P. (2002) *Gardening in the Global Greenhouse: The Impacts of Climate Change on Gardens in the UK*. Technical Report, UKCIP, Oxford.

Centre for Disease Control and Prevention. US Department of Health and Human Services. http://www.cdc.gov/

Environment Canada. *Canada's Greenhouse Gos Inventory 1990-2000*. Greenhouse Gas Division, Environment Canada. http://www.ee.gc.ca/pdb/ghg/1990_00_report/appa_e.cfm

Fehr, M. Cacado, M. D. R. and Romao, D. C. (2002) The basis of a policy for minimizing and recycling food waste. *Environmental Science and Policy*, **5**, 247-53.

Hayhoe, K. *et al*. (2004) Emissions pathways, climate change, and impacts on California. *Proceedings of the National Academy of Sciences of the United States of America,* **101**(34), 12422-7.

Hulme, M. (2003) Abrupt climate change: can society cope? *Philosophical Transactions of the Royal Society Series A,* **361**(1810), 2001-19.

NASA. Earth Observatory. http://earthobservatory.nasa.gov/

Parfitt, J. (2002) *Analysis of Household Waste Composition and the Factors Driving Waste Increases.* Strategy Unit, UK Government. http://www.number-10.gov.uk/su/waste/report/downloads/composition.pdf

Parliamentary Office of Science and Technology (2004) UK health impacts of climate change. *POSTnote* Number 232.

Pickin, J. G., Yuen, S. T. S. and Hennings, H. (2002) Waste management options to reduce greenhouse gas emissions from paper in Australia. *Atmospheric Environment,* **36**(4), 741-52.

Reay, D. S. (2003) Sinking methane. *Biologist,* **50**(1), 15-19.

UK Department of Trade and Industry (2002) *Environmental Life Cycle Assessment and Financial Life Cycle Analysis of the WEEE Directive and its Implications for the UK.* Report prepared by Price WaterhouseCoopers. http://www.dti.gov.uk/support/dtiweeeupdate.pdf

US Energy Information Administration (2003) *Emissions of Greenhouse Gases in the United States 2003: Methane Emissions.* http://www.eia.doe.gov/oiaf/1605/ggrpt/methane.html

US Environmental Protection Agency. *Greenhouse Gas Emissions from Management of Selected Materials in Municipal Solid Waste.* Washington, DC. http://www.epa.gov/epaoswer/non-hw/muncpl/ghg/chapter4.pdf

US Environmental Protection Agency. *WasteWise: Changing with Climate.* Washington, DC.

US Environmental Protection Agency (2003) *Municipal Solid Waste in the United States: 2001 Facts and Figures.* Office of Solid Waste and Emergency Response. Washington, DC.

WasteWatch. *WasteOnline: In Depth Information on Waste.* http://www.wasteonline.org.uk/

Weitz, K. A., Thorneloe, S. E., Nishtala, S. R., Yarosky, S. and Zannes, M.

(2002) The impact of municipal solid waste management on greenhouse gas emission in the United States. *Journal of the Air and Waste Management Association,* **52**(9), 1000-11.

Williams, I. D. and Kelly, J. (2003) Green waste collection and the public's recycling behaviour in the Borough of Wyre, England. *Resources, Conservation and Recycling,* **38**, 139-59.

6 지구온난화로 인한 경제적 손실

Adams, D. and Carwardine, M. (1991) *Last Chance to See.* Pan Macmillan, London.

Allen, M.R. (2004) The Blame Game: Who will pay for the damaging consequences of climate change? *Nature* **432**, 551-2

Anderson, K. and Starkey, R. (2004) *Domestic Tradable Quotas: a policy instrument for the reduction of greenhouse gas emissions.* An Interim Report to the Tyndall Centre for Climate Change Research. Tyndall North, Manchester.

Australian Greenhouse Office (2002) *Living With Climate Change - An Overview of Potential Climate Change Impacts on Australia.* http://www.greenhouse.gov.au/impacts/overview/

Barker, T. and Ekins, P. (2004) The costs of Kyoto for the US economy. Energy Journal, **25**(3), 53-71.

Broadmeadow, M. (2000) Climate change - implications for forestry in Britain. *Forestry Commission Bulletin,* **125**. Forestry Commission UK.

Burke, L and Maidens, J. (2004) *Reefs at Risk in the Caribbean.* World Resources Institute. http://pdf.wri.org/reefs_caribbean_full.pdf

Clarkson, R. and Deyes, K. (2002) *Estimating the social cost of carbon emissions.* Government Economic Service Working Paper 140. http://www.hm-treasury.gov.uk/media/209/60/SCC.pdf

DeLeo, G. A., Rizzi, L., Caizzi, A. and Gatto, M. (2001) The economic benefits of the Kyoto Protocol. *Nature,* **413**, 478-9.

Dresner S. and Ekins, P. (2004) *Economic Instruments for a Socially Neutral*

National Home Energy Efficiency Programme. Policy Studies Institute Research Discussion Paper 18. http://www.psi.org.uk/docs/rdp/rdp18-dresner-ekins-energy.pdf

Dresner, S. and Ekins, P. (2004) *The Distribution Impacts of Economic Instruments to Limit Greenhouse Gas Emissions from Transport.* Policy Studies Institute Research Discussion Paper 19. http://www.psi.org.uk/docs/rdp/ rdp19-dresner-ekins-transport.pdf

Dresner S. and Ekins, P. (2004) *Charging for Domestic Waste: Combining Environment and Equity Considerations.* Policy Studies Institute Research Discussion Paper 20. http://www.psi.org.uk/docs/rdp/rdp20-dresner-ekins-waste.pdf

Insure.com (2002) *10 Years Later, Hurricane Andrew Would Cost Twice as Much.* http://info.insure.com/ home/disaster/andrewtoday/

Howarth, R. B. (2001) Intertemporal social choice and climate stabilization. *International Journal of Environment and Pollution,* **15**(4), 386-405.

Kamal, W. A. (1997) Improving energy efficiency - the cost-effective way to mitigate global warming. *Energy Conversion and Management,* **38**(1), 39-59.

Ogden, J. M., Williams, R. H. and Larson, E. D. (2004) Societal lifecycle costs of cars with alternative fuels/engines. *Energy Policy,* **32**(1), 7-27.

O'Hara, M. (2004) Homeowners face a rising tide. Jobs and Money, *The Guardian,* 14 February, p. 9.

Stott, P. A., Stone, D. A. and Allen, M. R. (2004) Human contribution to the European heatwave of 2003. *Nature,* **432**, 610-14.

Thomas, C. D. *et al.* (2004) Extinction risk from climate change. *Nature,* **427**, 145-8.

Tol, R. S. J. and Verheyen, R. (2004) State responsibility and compensation for climate change damages - a legal and economic assessment. *Energy Policy,* **32**(9), 1109-30.

US Energy Information Administration (1998) Impacts of the Kyoto Protocol on US Energy Markets and Economic Activity. US Department of Energy, Washington, DC. http://www.eia.doe.gov/oiaf/kyoto/pdf/sroiaf9803.pdf

US Environmental Protection Agency (2003) *Pay-As-You-Throw: A Cooling Effect On Climate Change.* http://www.epa.gov/mswclimate/

Yohe, G., Neumann, J., Marshall, P. and Ameden, H. (1996) The economic cost of greenhouse-induced sea-level rise for developed property in the United States. *Climatic Change,* **32**(4), 387-410.

7 어떤 유산을 남겨줄 것인가

Clark, T. *Greening Your Final Arrangements.* Jewish-Funerals.org http:// www.jewish-funerals.org/greeningfinal.htm

Clean Air - Cool Planet. http://www.cleanair-coolplanet.org/

Linderhof, V. G. M. (2001) Household demand for energy, water and the collection of waste: a microeconometric analysis. *PhD Thesis,* Rijksuniversiteit, Groningen. Labyprint Publication, Holland.

Lyman, F. (2003) Green graves give back to nature: eco-friendly funerals break new ground. *MSNBC News.* http://msnbc.msn.com/id/3076642/

Rosen, K. B. and Meier, A. K. (1999) *Energy use of televisions and video-cassette recorders in the US.* US Department of Energy. http://eetd.lbl.gov/EA/ Reports/42393/42393.pdf

US Energy Information Administration. *Historical End-Use Consumption Data.* http://www.eia.doe.gov/ neic/historic/hconsumption.htm

US Energy Information Administration. *Environment: Energy Related Emissions Data, Forecasts and Analyses.* http://www.eia.doe.gov/environment.html

US Energy Information Administration (2005) *Annual Energy Outlook 2005 with Projections to 2025.* Report #: DOE/EIA-0383(2005). http://www.eia.doe.gov /oiaf/aeo/

Worrell, E., Price, L., Martin, N., Hendriks, C. and Meida, L O. (2001) Carbon dioxide emissions from the global cement industry. *Annual Review of Energy and the Environment,* **26**, 303-29.

8 지구를 살리는 작은 행동

Australian Greenhouse Office (2005) *Buildings and Energy: Office Building Energy Use.*http://www.greenhouse.gov.au/lgmodules/wep/buildings/training/training4.html

Australian Greenhouse Office. *National Energy Star.* http://www.energystar.gov.au/

Climate Ark. http://www.climateark.org/

Community for Environmental Engineering and Technology in Australia. http://www.comeeta.org/

Envirowise and the UK Environment Agency. *Green Officiency: Running a Cost-Effective, Environmentally Aware Office.* GG256. Envirowise, Oxfordshire.

National Appliance and Equipment Energy Efficiency Committee (NAEEEC). *Green Office Guide: A Guide to Help You Buy and Use Environmentally Friendly Office Equipment.* http://www.energystar.gov. au/consumers/greenbook.html

Picklum, R. E., Nordman, B. and Kresch, B. (1999) *Guide to Reducing Energy Use in Office Equipment.* US Department of Energy. http://eetd.lbl.gov/bea/sf/GuideR.pdf

Sellen, A. J. and Harper, R. H. R. (2001) *The Myth of the Paperless Office.* MIT Press, Cambridge MA.

The Guardian (2004). *Green Offices.* http://www.guardian.co.uk/values/socialaudit/ environment/story/0,15074,1305103,00.html

UK Department of the Environment and Transport and the Regions (DETR) (2000) *Climate Change: the UK Program.* http://www.defra.gov.uk/environment/climatechange/cm4913/index.htm#docs

US Energy Information Agency. *Information on the commercial buildings sector.* http://www.eia.doe.gov/emeu/cbecs/contents.html

참고문헌

Adams, D. and Carwardine, M. (1991) *Last Chance to See*. Pan Macmillan, London.

Bunting, M. (2004) *Willing Slaves: How the Overwork Culture is Ruling Our Lives*. HarperCollins, London.

Dauncey, G. and Mazza, P. (2001) *Stormy Weather: 101 Solutions to Global Climate Change*. New Society Publishers, Canada.

Diamond, J. (2005) *Collapse: How Societies Choose to Fail or Survive*. Allen Lane-Penguin, London.

Hilman, M. and Fawcett, T. (2004) *How We Can Save the Planet*. Penguin, London.

Houghton, J. (1997) *Global Warming: The Complete Briefing*. Cambridge University Press, Cambridge.

Intergovernmental Panel on Climate Change (IPCC). (2000) *Aviation and the Global Atmosphere*. Cambridge University Press, Cambridge.

Intergovernmental Panel on Climate Change (IPCC) (2001) *Climate Change 2001: The Scientific Basis*. Cambridge University Press, Cambridge.

Intergovernmental Panel on Climate Change (IPCC) (2001) *Climate Change*

2001: Impacts, Adaptation, and Vulnerability. Cambridge University Press, Cambridge.

Intergovernmental Panel on Climate Change (IPCC) (2001) *Climate Change 2001: Mitigation.* Cambridge University Press, Cambridge.

Jones, A. (2001) *Eating Oil: Food Supply in a Changing Climate.* Sustain and Elm Farm Research Centre, London.

Langholz, J. and Turner, K. (2003) *You Can Prevent Global Warming (and Save Money).* Andrews McMeel Publishing, Kansas City.

Lawrence, F. (2004) *Not on the Label: What Really Goes into the Food on Your Plate.* Penguin, London.

Lynas, M. (2004) *High Tide: News from a Warming World.* Flamingo, London.

Meyer, A. (2000) *Contraction & Convergence: The Global Solution to Climate Change.* Schumacher Briefings, Green Books, Devon.

Monbiot, G. (2004) *The Age of Consent: A Manifesto for a New World Order.* HarperCollins, London.

National Assessment Synthesis Team, US Global Change Research Program (2000) *Climate Change Impacts in the United States: The Potential Consequences of Climate Variability and Change.* Cambridge University Press, Cambridge.

Smith, A. and Baird, N. (2005) *Save Cash & Save the Planet.* HarperCollins, London.

너무 더운 지구

초판 1쇄 발행 2007년 7월 30일
개정판 1쇄 발행 2017년 10월 27일

지은이 | 데이브 리
옮긴이 | 이한중

펴낸곳 | 바다출판사
발행인 | 김인호
주소 | 서울시 마포구 어울마당로5길 17 5층(서교동)
전화 | 322-3885(편집부), 322-3575(마케팅부)
팩스 | 322-3858
E-mail | badabooks@daum.net
홈페이지 | www.badabooks.co.kr
출판등록일 | 1996년 5월 8일
등록번호 | 제10-1288호

ISBN 978-89-5561-973-7 03400